电力机巡作业及数据分析丛书

机巡作业概述及策略

刘 高　许国伟　主 编

任欣元　丰江波
吴 田　杜永永　副主编

中国电力出版社
CHINA ELECTRIC POWER PRESS

内 容 提 要

《电力机巡作业及数据分析丛书》旨在全面介绍电力行业机巡及智能装备的应用与发展，强调其在提升电网智能化水平和运维效率中的关键作用。丛书共分为《机巡作业概述及策略》《输变配作业及联合巡检作业》《应急勘灾及特种作业》《机巡系统及数据作业应用》《人工智能算法解析与应用实践》5 个分册。丛书特别强调了机巡技术在电力巡检中的应用，以及如何通过智能化手段提高电网的安全性和可靠性。

本分册为《机巡作业概述及策略》，共 3 章，内容涵盖机巡作业的概况、作业任务机型与载荷，以及机巡作业策略，包括精细化巡视、通道巡视、特种作业等。本分册围绕各行业机巡智能装备应用方向进行科普，讲述机巡作业采用的无人机、机器人、机场与各式各样的作业载荷等智能装备，介绍了作业任务机型与载荷搭配，介绍了输变配巡视智能装备配置原则和机巡作业策略。

本丛书适合电力行业从业人员、无人机操作员、电力系统规划与管理人员阅读，也可作为对智能电网技术和机巡应用感兴趣的学者和研究人员的参考用书。

图书在版编目（CIP）数据

机巡作业概述及策略 / 刘高，许国伟主编；任欣元
等副主编. -- 北京 : 中国电力出版社，2025. 6.
（电力机巡作业及数据分析丛书）. -- ISBN 978-7
-5198-9944-8

Ⅰ. TM7

中国国家版本馆 CIP 数据核字第 2025F1Z427 号

出版发行：中国电力出版社
地　　址：北京市东城区北京站西街 19 号（邮政编码 100005）
网　　址：http://www.cepp.sgcc.com.cn
责任编辑：赵　杨
责任校对：黄　蓓　朱丽芳
装帧设计：赵姗姗
责任印制：石　雷

印　　刷：三河市航远印刷有限公司
版　　次：2025 年 6 月第一版
印　　次：2025 年 6 月北京第一次印刷
开　　本：787 毫米 ×1092 毫米　16 开本
印　　张：9
字　　数：152 千字
定　　价：55.00 元

《电力机巡作业及数据分析丛书》
编 委 会

《机巡作业概述及策略》
编 写 组

主　编	刘　高	许国伟			
副主编	任欣元	丰江波	吴　田	杜永永	
编写人员	谢卓均	樊道庆	方　博	肖铭杰	谢振华
	纪硕磊	饶成成	周海龙	陈文旭	郭军杰
	黄鹏辉	蓝誉鑫	黎江蕾	范　晟	李秉宸
	林来鑫	张兴华	刘洪驿	罗　凯	杨　杰
	王思潮	史殷凯	郑长明	张　宇	王晓聪
	张国发	张锡田	王　磊	王　周	普子恒

PREFACE

前　言

随着云计算、大数据、物联网、移动互联网、人工智能等新技术的快速发展，我国已将智能技术提升到国家发展战略层面，陆续发布了《新一代人工智能发展规划》《新一代人工智能发展白皮书》等政策文件，提出了全面建设数字中国战略，要求对传统产业进行全方位、全链条的改造，形成数字和产业的"双轮驱动"。

电网机巡作业是电网企业在生产领域智能作业的突破点，是推动智能技术在生产领域应用、提升电网企业智能化水平的重要举措。近年来，电网企业直升机、无人机、机器人等智能装备巡检作业从无到有、从有到优、从优到智，逐步建立了"机巡+人巡"协同智能巡检运维模式，极大提升了巡检质量和巡检效率，为电网安全稳定运行保驾护航。在此基础上，电网企业加强智慧输电顶层设计，推动"云大物移智"等关键技术在电网领域重点业务率先突破，稳步推进智慧电网建设，2025年前全面建成数字电网，实现生产运营智慧化。

《电力机巡作业及数据分析丛书》集思广益，召集了广东电网有限责任公司、南方电网公司超高压输电公司、南方电网科学研究院有限责任公司、南方电网通用航空服务有限公司、南方电网数字电网研究院股份有限公司、南方电网电力科技股份有限公司、广西电网有限责任公司、云南电网有限责任公司、南方电网深圳供电局、海南电网有限责任公司、国网四川省电力公司、三峡大学、中国地质大学（武汉）、广州优飞智能设备有限公司、北京御航智能科技有限公司等单位大量的专家进行联合编制，结合近年来在机巡作业领域积极探索的成果，全面总结机巡作业先进经验。

本丛书的编写背景源于当前电网技术领域快速发展的需求。在全球能源结构转型的背景下，电网系统成为现代电力系统中至关重要的一环，尤其在远距离、大容量电力传输中扮演着举足轻重的角色。随着新型电力设备、智能电网技术的不断进步，以及可再生能源比例的逐步提高，传统的电网巡检技术面临着前所未有的挑战和机遇。为了适应这一变化，本丛书汇聚了近年来在电网巡检领域中的最新研究成果，并结合实际应用案例，致力于为相关领域的工程师、研究人员及学者提供具有前瞻性和实用性的参考资料。

本丛书的创新之处在于，在传承传统电网巡检理论的基础上，融合了最新的技术进展与研究成果，如智能电网、智能巡检等新兴理念的应用。内容涵盖了电网机巡巡检的基本理论、设备配置、运行与维护技术，尤其强调了近年来在电网巡检中出现的新型挑战和解决方案。通过详细的案例分析与工程实践，力求让理论与实际工作紧密结合，提升读者在实际工作中的解决问题能力。书中的方法与技术不仅具有较强的前瞻性，同时也具备很高的实用性，能够帮助从业人员更好地应对电网巡检中遇到的各类技术难题。

本分册为《机巡作业概述及策略》，共3章，内容涵盖机巡作业的概况、作业任务机型与载荷，以及机巡作业策略，包括精细化巡视、通道巡视、特种作业等。本分册围绕各行业机巡智能装备应用方向进行科普，讲述机巡作业采用的无人机、机器人、自动机场与各式各样的作业载荷等智能装备，介绍了作业任务机型与载荷搭配，介绍了输变配巡视智能装备配置原则和机巡作业策略。

本分册适合电气工程领域的从业人员、研究人员、学者及相关专业的学生阅读。对于初学者，建议从机巡作业概述章节入手，逐步建立起对机巡作业的系统认识；对于有一定基础的读者，可以直接进入机巡作业策略、作业方法等部分，深入理解该领域的前沿技术与创新应用。

在使用本丛书时，建议读者根据自身的研究方向或工作需求，结合理论知识与实践经验，有针对性地阅读。对于理论性较强的章节，读者可以通过其他专业书籍或相关实践项目进行巩固；而对于实操作业部分，则可以通过与自身工程项目的结合，进一步提升实际操作能力与解决问题的技巧。通过本书的学习与实践，期望能够帮助广大读者提升在电网巡检领域的技术水平，为行业的持续发展贡献力量。

编者

2025 年 3 月

目录

CONTENTS

第 1 章
机巡作业概况

1.1 概述

"双碳"目标提出后,电力系统在国家能源安全的作用越来越重要。电力系统结构示意图如图 1-1 所示。当前,我国电网建设经历高速发展,输配电及控制设备行业规模达到 6.18 万亿元,预计到 2024 年底,输配电及控制设备行业规模将超过 7 万亿元,规模跃居世界首位。另外,我国国土幅员辽阔,地形复杂,丘陵多、平原少,加之气象条件复杂多变,给跨区电网巡视维护带来较大的挑战,仅仅依靠传统的巡视、检查和检测不能满足现代电网高效快速的要求,也不能达到很好的效果。

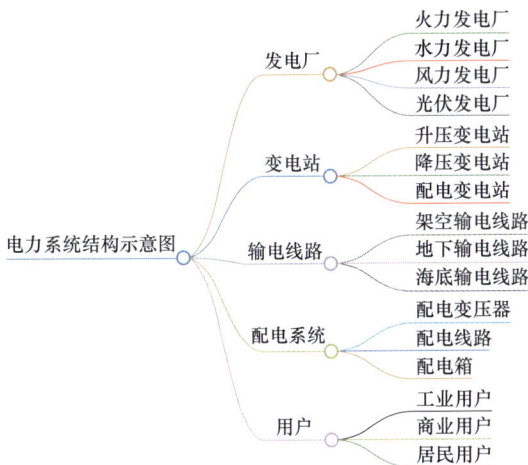

图 1-1　电力系统结构示意图

与此同时,随着国民经济的高速发展,城市、交通建设工程愈发广泛,各种基建工程的挖掘机、吊车施工随时都可能造成设备跳闸,各类社会活动给电网运维带来空前的压力。人民的日常生活对供电可靠性提出更高的要求,促使电网规模也在快速增长,电网运维范围更广、运维频率更高。上述因素造就了电网运维人员短缺的局势。因此,推广智能巡检设备,推动"机器代人",成为电网破解当前局势的迫切手段。

目前,一批以无人机、在线监测装置、巡检机器人为代表的智能巡检设备在电力行业崭露头角,并逐渐获得推广应用。其中,可通过搭载各式载荷实现不同功能的无人机在智能巡检中表现尤为突出:搭载可见光镜头,可以检查杆塔基础、导地线金具、绝缘子等部件的运行状态及线路走廊内的树木生长、地理环境、交叉跨越等情况；配备夜视功能的镜头，还可以在夜晚进行作业；搭载红外热成像仪，可以对导线接续管、耐张管、跳线线夹、导地线线夹、金具、防震锤、绝缘子、变压器接头等进行红外照片拍摄，分析数据，判断其温度、温升是否正常；搭载倾斜摄影设备，可以对变电站、杆塔、导地线、线路走廊等进行倾斜摄影建模，建模形成的倾斜摄影模型，还原电力设备场景，可进行航线规划、仿真应用；搭载激光雷达，对输电线路杆塔、导地线、线路走廊、树木生长、地理环境、线路交叉跨越进行三维点云扫描，记录线路本体与通道的空间真实状态，还原数字化场景，进行安全测距、航线规划、工况分析、工程应用等工作；搭载多光谱相机，获取目标区域多光谱数据，通过不同树种所反映的冠层光谱信息差异分析特征，并通过光谱、纹理等信息组合，综合反映树种类别，更好地进行树障的防控；搭载紫外成像仪，精确检测高压设备上诸如电晕放电等各类异常状况，为电力系统的安全稳定运行提供可靠保障；搭载声纹检测仪，可用于输电线路导线损伤、金具接触不良及绝缘子异常放电等缺陷的检测。

在线监测装置及巡检机器人以其全天候、不依赖人力、连续动态采集的突出表现在电力巡检中大放彩：外力破坏施工现场的在线监测摄像头，可 24h 对工地施工进行不间断检测，并通过 AI 识别，智能判断施工机械是否会对线路造成影响并通知运维单位；电缆隧道内的智能巡检机器人，可不间断地对隧道进行巡检，确保第一时间发现隧道内的突发情况；变电站内的各式在线监测设备，可对电力设备的工作参数进行采集，实时获得电流、电压、功率、温度等重要参数的数据，运维单位对采集的数据进行分析处理，对电力设备的运行状态进行评估和预测，及时发现电力设备的缺陷，并提前做好维修和更换的准备工作。

1.2 无人机可见光拍摄作业

📖 作业概述

无人机可见光拍摄作业是一种利用无人机搭载可见光相机进行空中摄影的作业方式，主要用于获取被拍摄物的高清图像。

作业用途

无人机搭载可见光相机可轻松越过复杂地形和障碍物获取高清晰度的图像，为各行各业提供高效的监测和信息采集技术。无人机可见光拍摄作业广泛应用于多个行业，主要用于如下几个方面：

（1）新闻报道与影视制作。

无人机具备快速部署和响应的能力，能够在短时间内到达新闻现场并进行拍摄，常用于开展突发事件的新闻报道。无人机能够灵活捕捉动态画面，在追逐、战斗等影视场景中提供强烈的视觉体验。在高空拍摄提供全方位的拍摄角度，适用于自然纪录片中拍摄大规模场景和自然景观。

（2）灾害评估与应急救援。

在火灾、地震、洪涝等灾害中，无人机可以迅速、准确进入灾区上空进行拍摄，侦察现场情况、快速搜寻被困人员，使应急救援人员及时获得精准的数据支持，直观研判灾情，助力可视化应急指挥。

（3）巡逻执法与侦查取证。

公安、交警、城管等政府部门通过规划执行无人机自主航线进行实现高效自动化巡逻，开展治安巡逻、交通疏导、违规摆摊治理。用高空侦察、建模等手段记录现场全局信息，精准还原现场。公安机关在抓捕逃逸犯罪嫌疑人时利用无人机进行远程监视，在不暴露的情况下侦查可疑活动，配合地面警力进行精准合围和抓捕。

（4）土地测绘与城市规划。

无人机可见光拍摄作业配备高精度测绘设备，通过获取城市各个地区的高分辨率影像，快速构建二维正射影像和三维模型，结合多种测绘成果，为城乡规划、土地利用规划和基础设施规划等提供更加直观和科学的决策支持。

（5）农业监测与产量评估。

无人机搭载高清摄像头，能够定期对农田进行航拍，通过图像分析技术监测作物的生长状况，及时发现生长问题，指导农民精准施药、合理灌溉。结合采集的图像数据对作物产量进行预估，为农业保险、市场预测等提供依据。

（6）电力巡检。

无人机可见光拍摄作业是日常巡检作业、故障特殊巡视作业中重要的巡视作业手段之一。根据作业任务需求将可见光负载与各类型的无人机平台搭配，实现不同的作业任务需求。电力巡检场景下无人机可见光拍摄作业发挥强大的应用效能，在电力设备的运维工作中精细化巡检能够精准拍摄设备、部件的本体影像，是甄别设备缺陷的依据之一。快速通道巡检能够提供设备周边运行环境的图像，为隐患的管控提供有效帮助。在高精度定位服务的辅助下，可见光拍照作业的成果数据还能实现全景建模、正射影像拼接，为电力设备运行、设计、勘查测绘等提供高精度的模型测绘信息。凭借无人机快速、机动、灵活的特点，应用无人机可见光拍摄作业还可在灾中监测、灾后抢修各阶段发挥重要作用。

无人机可见光负载相机性能参数不断提高，功能越加丰富。成像效果越来越好，从4K~8K甚至更高分辨率的负载相机都已经成熟应用。变焦、广角、微光等多镜头的组合，应用场景更丰富，满足从白天到夜间的无人机可见光巡检作业需求，无人机可见光电力巡检如图1-2所示。

图1-2　无人机可见光电力巡检

1.3　无人机红外测温作业

📖 **作业概述**

无人机红外测温作业是一种运用无人机搭载红外热成像传感器，从高空对地面或特定目标进行非接触式温度测量的技术。无人机通过不同高度和角度的飞行路径，捕获目标物体表面发射的红外辐射，并将这些信息转化为温度数据，随后通过专门的软件处理生成温度分布图或热力图。

📋 作业用途

无人机红外测温作业的用途广泛，涵盖了电力巡检、农业、森林防火、建筑安全评估、消防救援和边防巡检等多个领域，为各领域提供重要的技术支持和解决方案。

（1）农业领域。

无人机红外测温作业在农业领域具有广泛的应用前景和重要作用，能够实现精准农业管理、提高农作物产量和质量、降低生产成本和环境污染等目标。

（2）森林防火。

无人机红外测温能够快速寻找火点，精准定位，可以极大提高森林防火的效率和效果。同时，它还能在一定程度上保障搜寻和灭火队员的安全。

（3）消防救援。

红外热成像技术赋予无人机感知温度的能力，可实现高效的单点测温和大面积的二维建模测温，极大地提升了消防作业的效率和安全性。无人机搭载红外热成像技术对火场温度进行勘测，便于消防员更好地了解火场内的情况。

（4）边防巡检。

无人机红外测温作业在边防巡检中具有重要的应用价值，可以提高巡检的效率和准确性，降低风险，并为边境安全提供有力支持。随着技术的不断进步和应用场景的拓展，无人机红外测温作业将在边防领域发挥更加重要的作用。搭载红外测温装置的无人机可对边境进行扫描巡检，使边防战士更快速便捷地了解边境活动情况。

（5）建筑安全评估。

无人机在建筑安全与巡检中的重要性体现在提高效率、降低风险和成本、实时响应等方面，其有助于保障建筑物的安全性、延长使用寿命并提供及时的救援支持，为建筑行业带来巨大的益处。利用无人机热成像检查建筑物外墙空鼓缺陷，可以尽早地发现建筑物外墙空鼓缺陷区域，便于及时排除隐患。

（6）电力巡检。

无人机搭载红外热成像仪可以在空中对电力线路进行全方位的温度检测，在电力巡检中具有实时监测温度变化、故障预警与诊断、大范围高效巡检、数据实时反馈与分析、减轻人员工作负担及多种具体应用场景等用途，无人机对电力设备开展红外巡检见图1-3。无人机红外测温作业已成为电力巡检领域的重要技术手段之一，其具有如下优势：

1）故障预警与诊断。相比传统手持测温方式，无人机红外测温能将测温距离缩小，提高精度、降低设备成本、提高效率、拓展测温角度，能快速发现导线发热部位，提高检测效率和准确性。

2）大范围高效巡检。无人机能够在短时间内完成大范围的电力巡检任务，相比传统的人工巡检，大大提高了巡检效率和覆盖面。无人机可以不受地形、环境等因素的限制，快速到达人工难以到达的区域进行巡检，提高了巡检的全面性和准确性。

3）数据实时反馈与分析。无人机采集的红外测温数据可以实时传输到电力巡检系统管理平台进行分析处理，形成直观的巡检报告。通过对数据的分析，巡检人员可以准确判断电力设备的运行状况，为制订维护计划提供科学依据。

4）降低运维成本。无人机红外测温可以降低电力设备的运维成本。通过及时发现设备故障并进行维修，可以避免设备损坏导致的更大损失。此外，无人机巡检还可以减少人工巡检所需的设备和人力投入。

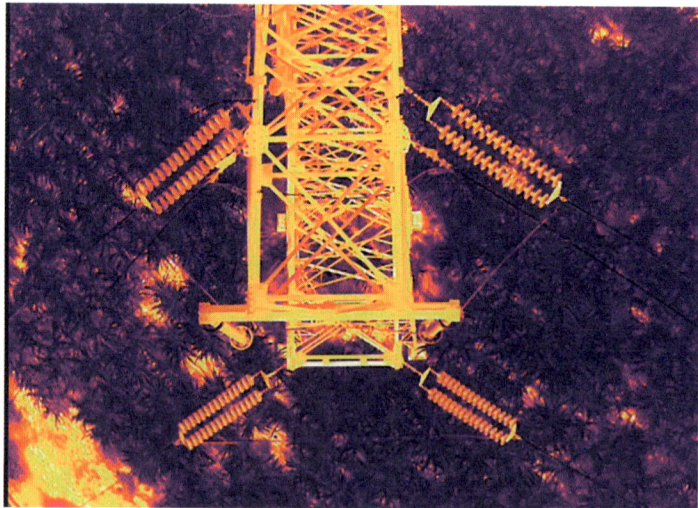

图1-3　无人机对电力设备开展红外巡检

1.4 无人机倾斜摄影作业

作业概述

无人机倾斜摄影作业是一种基于无人机倾斜摄影测量技术的三维建模方法。通过对测区进行全方位、多角度的影像采集，再利用专业软件进行空三解算确定影像位置与姿态，构建三角网，最后进行纹理映射，生成高精度正射影像图及实景三维模型。

作业用途

无人机倾斜摄影巡视作业的用途广泛，除了获得高精度空间模型，同时还能形成带表面纹理贴图的二维地图模型和三维实景模型，实现标绘、测量、分析、模型优化、内容演示、三维全景展示、可视化平台管理等，主要有以下用途：

（1）地形地貌测绘。

快速生成数字正射影像、数字高程模型和数字表面模型等成果，为地形测绘提供高效准确的数据支持。借助多角度采集的数据信息，配合控制点或影像定位与定向系统（position and orientation system，POS）信息，实现厘米级的测量精度。

（2）城市规划和土地管理。

利用无人机倾斜摄影技术，生成三维建造模型，为城市基础建设、规划提供三维数据支持，为城市规划和土地管理提供高精度的地图数据，相关部门可以通过这些数据掌握城市基础设施、交通流量和土地使用情况，持续改进城市规划和土地管理。

（3）资源环境监测。

在林业资源管理方面，无人机倾斜摄影可用于森林、草原、湖泊等生态环境监测和管理。在矿区、水利工程等领域，无人机倾斜摄影可用于勘查和管理，提供详细的地形地貌信息。

（4）地理信息系统建模。

无人机倾斜摄影技术生成的 3D 模型，可以极大地丰富地理信息系统（geographic information system，GIS）数据库的内容，地理信息系统建模应用可以提供更为真实和直观的空间信息展示，支撑各种空间分析和决策。

（5）矿资源开采。

在矿山和采石场开发中，通过无人机倾斜摄影获取的三维建模数据可以帮助矿业公司确定矿物质量和储量，进而优化矿山设计和采矿计划。

（6）电力系统应用。

无人机倾斜摄影技术应用于电力系统，可实现智能输电线路设计验收、输电线路走廊内隐患缺陷的快速测量、输配电线路巡检和故障排查、电力设施的三维建模等精细化管理和辅助决策，图1-4是对变电站倾斜摄影建模。无人机倾斜摄影技术在电力系统的应用主要在如下几个方面：

1）输电线路走廊的快速测量。倾斜摄影技术可以快速获取输电线路走廊的地形、地物信息，为输电线路规划和设计提供高精度的数据支持。

2）巡检和故障排查。通过使用倾斜摄影技术，快速获取输电线路和变电站的影像数据，通过分析这些数据，检测出线路和设备的异常情况，及时发现和解决故障。

3）电力设施的三维建模。倾斜摄影技术获取电力设施的多个角度影像数据，通过数据构建出精确的三维模型，帮助工程师更好地了解设施的结构和特征，为设施的维护和管理提供数据支持。

4）精细化管理和辅助决策。倾斜摄影技术可以提供高分辨率、高精度的影像数据，帮助电网企业进行精细化管理和辅助决策。例如，通过分析影像数据，可以确定输电线路走廊内的树木生长情况，预测未来可能对线路造成威胁的树木，并及时进行修剪或清理。

图1-4　变电站倾斜摄影建模

1.5 无人机激光雷达建模作业

📖 作业概述

无人机激光雷达建模作业是通过无人机搭载激光雷达系统，在飞行中主动发射激光脉冲，激光在碰到地面或物体后反射回来，传感器接收反射信号，依据激光往返时间、飞行姿态和位置信息，计算出海量三维空间坐标点，形成点云数据模型的作业方法。获得点云模型经数据滤波、分类、抽稀等处理后，利用专业软件将点云数据转化为精细的数字地形模型（DTM）、数字高程模型（DEM）或三维实景模型，能精准还原地形地貌、建筑物、植被等的空间结构和地形起伏情况。

📋 作业用途

无人机激光雷达建模技术能够在短时间内获取大区域、大范围的地表空间信息，工作效率较高。和传统的地面人工测量或地基雷达建模技术相比，具有无视地形条件、高精度、高效率的特点，极大地减少了工作量，缩短了外业测量的时间，提高了测量工作的效率和安全。无人机激光建模技术广泛应用于以下领域：

（1）城市规划与建设。

利用激光雷达扫描建筑物，可以获取建筑物的平面、立体参数，如墙面、柱子、楼梯、屋顶等的形状和尺寸，为建筑设计、施工和维护提供数据支持。

（2）地质勘探与矿山测量。

快速获取矿山的复杂表面和高危区域的空间三维信息，支持数字矿山建设。

（3）应急救援。

在自然灾害（如泥石流、滑坡、地震）等应急救援中快速构建灾区三维模型，为救援提供指挥评估依据。

（4）林业与环保。

监测森林覆盖、植被变化等，监测树木结构和高度，生成植被3D模型，支持森林资源的保护和管理，支持林业资源管理和环境保护工作。

（5）考古与文化遗产保护。

通过扫描文物表面生成高精度的三维模型，对古迹、遗址等进行高精度测绘，可用于文物保护和修复，支持考古研究和文化遗产保护。

（6）自动驾驶。

激光雷达能够实时获取周围环境的三维空间信息，包括道路、障碍物、行人等，为自动驾驶车辆提供高精度的目标探测和距离测量。

（7）电力巡检。

无人机搭载激光雷达的技术广泛应用在输电、变电、配电专业等巡检、数字建模等工作，改变了以往可见光相机飞行方式，并实现了更多功能：①建设三维数字可视化台账，获取的高精度三维点云模型数据和真彩色影像信息，可确定地面、植被、建筑物、导地线、杆塔、索道、绝缘子串等相应属性目标的空间位置和轮廓，实现线路高精度实时浏览、查询与测量。②电力设备量化测量，通过精确的杆塔点云模型可检测塔身有无倾斜、倾斜角度多大、有无位移、位移向量值等定制化输出量化数据报告。③通道隐患普查，图1-5是对输电通道的扫描，实时工况模拟对植被点云、交跨物、地面等进行测量，获取坐标、距离、高度等信息，从而设计优化线路维护消缺计划。④模拟工况预警，在线路模型中通过对导线参数、环境参数、运行参数的设定，模拟出恶劣条件下电力设备的运行状态进而进行危险距离分析和应急预警。图1-6是对变电站进行扫描并规划出合理的变电航线。⑤防灾预防分析，获取线路走廊的精确三维地形，分析线路走廊的地质灾害及地质灾害对线路安全运行的影响。⑥精细化巡检规划，

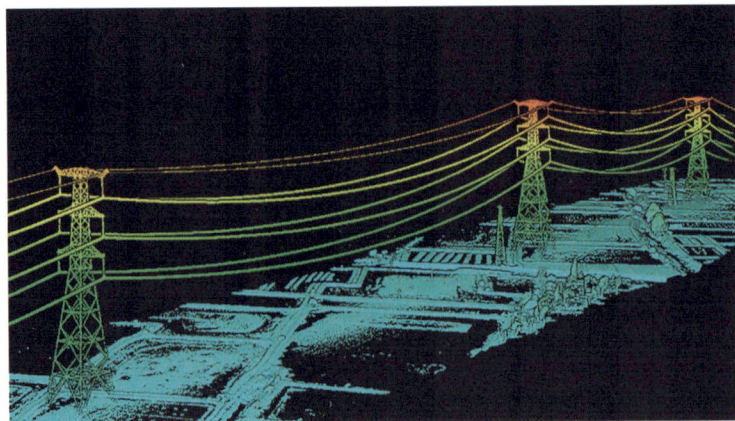

图 1-5 输电通道隐患普查

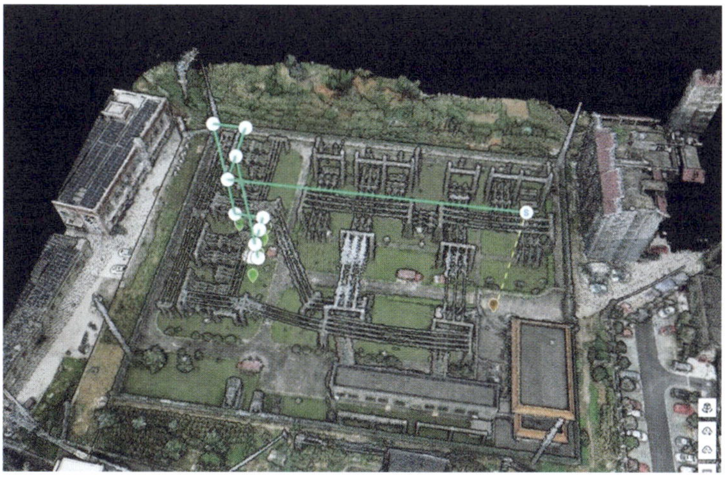

图 1-6　变电站航线规划

在模型中对杆塔、金具、通道等目标点位空间坐标进行选取定位、拍摄角度、路径等，用以辅助精细化巡检航线规划。

无人机激光建模技术的应用，实现了二维平面向三维立体的转变，搭建了更加直观的分析决策平台，为后续更具针对性的电力设备巡检措施制订奠定了基础。

1.6　无人机全景影像拍摄作业

📖 **作业概述**

无人机全景影像拍摄作业，是利用无人机为平台，配备可见光平面镜头或广角镜头，对环境进行全方位影像记录的技术。其采用两种方式：一是通过单镜头在目标区域上方悬停按预设角度间隔依次拍摄多个方向画面；二是利用多镜头系统，多个镜头围绕中心轴呈环形排列且角度固定，一次性触发所有镜头完成拍摄。获取的影像经畸变校正等处理，再运用全景拼接软件，依据影像重叠区域特征点进行自动匹配与融合，生成连续、完整且沉浸感强的全景影像。

📋 **作业用途**

无人机全景影像拍摄作业应用广泛，以下是关于全景无人机巡视作业用途的详细阐述。

（1）影视及建筑拍摄。

无人机全景拍摄能为影视或建筑提供高质量、多角度的视觉素材，能够呈现出全新的视角、独特的视觉效果和动态画面。

（2）农牧业监测及野生动物保护。

通过无人机全景拍摄，可以整体、高效地监测和评估农牧业的生产情况，如作物健康、牧场管理等，可以观察和记录牲畜、野生动物的习性、栖息地等。

（3）自然环境监测。

无人机全景拍摄可用于监测自然环境和生态系统，如森林、湿地、草原等。

（4）电力线路通道拍摄。

利用多旋翼无人机进行全景拍摄，可以对输电线路进行全方位、多角度的拍摄，有效避免巡视死角，确保输电系统的平稳运行，能够显著提高输电线路运维的效率和准确性。电力线路无人机全景拍摄如图 1-7 所示。

图 1-7　电力线路无人机全景拍摄

此外，随着技术的不断进步，无人机全景拍摄作业的应用范围将会越来越广泛，为各行业带来更多创新和自主的机会。

1.7 无人机多光谱建模作业

📖 **作业概述**

无人机多光谱建模作业能在同一时间获得同一地物的不同波段的波谱特性信息。这些信息可以是以地面光谱强度表现出来的影像信息，也可由数据信息转换成的地物亮度（或反射率）曲线表现出来，从而实现对目标的探测与识别。利用多个波段数据叠加计算能解决目前算力要求较大或无法实现的计算，可减少算力投入，采用多光谱数据分析既提升了工作效率，又提升了分析的精度和维度。

身边最常见的多光谱照片是彩色相机拍摄的照片，从图1-8多光谱波段示意图频谱上看，其包含了红色（1）、绿色（2）和蓝色（3）三个光学频谱波段的信息。如果在相机或者探测器上，增加更多的频带如频带（4）和（5），就可以获得一个含多个频带的多光谱照片。

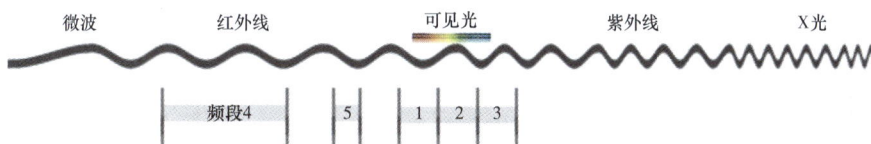

图1-8 多光谱波段示意图

📋 **作业用途**

无人机多光谱巡视作业的用途非常广泛，主要有以下用途：

（1）植被提取分类。

基于无人机多光谱影像和面向对象的方法，使用软件对影像进行多尺度分割研究，根据分割结果选用纹理特征和光谱特征为分类指标，采用随机森林方法对影像进行分类，得到植被分类结果。

（2）生物检测。

多光谱成像技术结合光谱学原理及图像分析技术两方面的优势，能有效反映目标作物的光谱和空间特征，实现对作物生长信息的全面诊断。

（3）水文方面。

在水文方面应用于水位监测、水域面积提取、水深反演、海面油污辨识等。河道水位监测可以实时掌握河道水位的变化情况，是科学预警水情隐患、保障港口及航运安全、提升防汛抗旱能力的重要手段。利用水域面积大小与水位高低之间的相关性建立回归方程，从多光谱影像中提取出河道水域面积，即可计算得到水位值。利用不同水质水体的多光谱信息，分析水体的状况，进而实现水质分类。

（4）电力系统应用。

多光谱电力通道建模巡视后，利用深度卷积 U-Net 网络，以充分挖掘电力设施的空谱判别性特征，实现复杂环境下电力设施的高精度提取。利用多光谱影像实现线路保护区环境的环境勘测，判断线路杆塔周边是否存在安全隐患。将多光谱分析技术引入至输电线路无人机巡检工作中，在多种光谱特性下进行综合数据分析，有望解决可见光、红外相机无法发现或者无法定性或定性分析的通道隐患，以便有效扩大输电线路整体运行状态监控方法。输电线路多光谱通道巡视环境智能分类结果如图 1-9 所示。

图 1-9　输电线路多光谱通道巡视环境智能分类结果

1.8　无人机高光谱建模作业

📖 作业概述

无人机高光谱建模作业，对比可见光拍摄和多光谱建模作业，获得的数据更丰富细致，可获得更多设备本体与周边信息。一般情况下材料的反射率特征光谱相对于波长的变化可能非常复杂，而其他微小特征使用较粗糙的多光谱成像方法也有可能无法分辨。图 1-10 中使用多光谱成像〔见图 1-10（a）〕无法识别分辨的物质，通过使用高光谱成像〔见图 1-10（b）〕被分辨出来。其原因是高光谱具有更多的光谱频带，因此可以通过更高的光谱分辨率准确地获得更复杂的指纹特征。

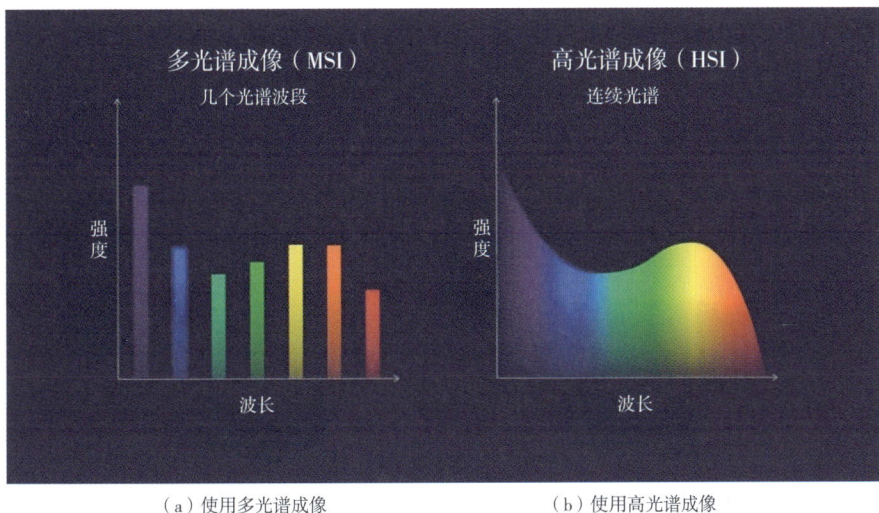

（a）使用多光谱成像　　　　　　　　（b）使用高光谱成像

图 1-10　多光谱与高光谱成像对比图

　　无人机高光谱建模作业是指利用无人机搭载的高光谱成像设备，对地面目标进行高光谱数据的采集、处理与建模的过程。通过使用无人机搭载的高光谱相机进行地面目标的成像和数据采集，相机能够获取目标在不同波段下的光谱信息，形成高光谱图像，以此实现数据分析功能。

📋 作业用途

　　无人机高光谱建模作业的用途非常广泛，例如农业领域、水文领域、电力领域等。

（1）农业领域。

　　无人机高光谱建模作业在农业中主要用于作物生长监测、病虫害诊断、土壤肥力评估等方面。通过无人机搭载的高光谱相机，可以快速获取作物在不同生长阶段的光谱信息，进而分析作物的生理状态、营养状况及病虫害情况。

（2）环境领域。

在环境管理方面，通过无人机搭载高光谱设备，可以进行环境监测、大气污染监测、地震预警等工作，为环境保护提供了更加准确的数据信息。

（3）地质勘探领域。

在地质勘探领域高光谱遥感技术能够有效识别和绘制矿物和岩石类型，不同的矿物具有独特的光谱响应，高光谱数据可以用于矿物的识别和绘图，为地质研究提供宏观和区域范围的物质信息。

（4）电力领域。

在电力设备运维方面，高光谱建模作业可以应用于电力线路的巡检工作、环境监测等工作。通过线路及其周边环境的高光谱图像数据，进行数据分析和处理，可以实现对线路通道环境的多维度分析，深入掌握线路通道环境植被覆盖情况、盐碱度情况、植物燃烧指数、地表燃烧蔓延指数、地质风险指数、地表污秽指数等。无人机高光谱建模作业成果图如图 1-11 所示。

图 1-11　无人机高光谱建模作业成果图

1.9　无人机夜视作业

作业概述

无人机夜视作业可在夜间或低光照环境中进行巡视、监测或其他作业任务。夜视作业通常利用所搭载夜视载荷镜头，捕捉到人眼无法看到的细节和特征。对于供电线路等基础设施的监测，夜视无人机能够发现诸如导线舞动、断裂、漏电等现象，为及时维修和避免事故提供了可能。此外，夜视无人机还在灾害响应、搜索和救援、建筑业等领域中有广泛应用。随着技术的不断进步，无人机夜视作业的应用范围将会更加广泛。

📋 作业用途

夜视无人机巡视作业的用途非常广泛，尤其在夜间或低光环境下，其优势尤为明显，一般按照光照条件分为微光级和黑光级。以下是关于夜视无人机巡视作业用途的详细解析，采用分点表示和归纳的方式：

（1）夜间巡逻与监控。

夜视无人机可以在夜间进行巡逻和监控，通过搭载高清夜视摄像头和红外热成像仪等设备，即使在光线较暗或完全无光的环境下，也能捕捉到清晰的图像和视频。这使得夜视无人机能够实时监控夜市、重要场所、交通要道等区域，有效预防夜间犯罪、交通事故等不安全事件的发生。夜间巡逻夜视作业如图1-12所示。

图1-12　夜间巡逻夜视作业

（2）夜间救援与支援。

在夜间发生紧急情况时，如野外救援、勘查火灾等，夜视无人机可以快速到达现场，提供实时、全局的现场图像和视频，为救援提供决策支持。无人机还可以搭载救援物资，如急救包、灭火器等，直接投送到事故现场，为救援工作提供及时、有效支援。应急救援夜视作业如图1-13所示。

（3）夜间环境巡检。

夜视无人机可以在夜间对环境污染源进行巡视，检测排污口、废弃物堆放等情况，

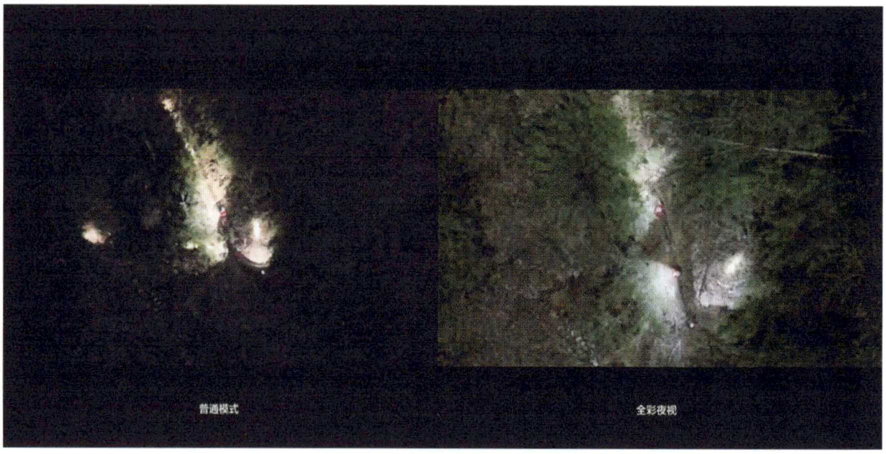

图 1-13　应急救援夜视作业

及时发现环境违法行为。对于石油化工、电力等行业的设施，夜视无人机可以在夜间进行巡检，监测设施的运行状态，及时发现安全隐患。

（4）交通监控与疏导。

对于位于交通要道或高速公路旁的建筑物，夜视无人机可以用于夜间的交通监控。通过航拍和实时图像传输，无人机可以监测道路交通情况，识别交通违规行为，如超速、闯红灯等，并提供警示和报警功能。在交通拥堵或事故发生时，无人机可以通过高空俯瞰，迅速了解事故情况，提供全局视角，协助指挥中心更迅速地派遣救援力量，疏导交通。

（5）电力系统应用。

夜视无人机可应用于电力线路运行和巡视。对于电力线路它能够发现诸如绝缘子爬电、漏电、污闪等现象，为及时维修和避免事故提供了可能。同时对于涉及跨越铁路、高速等重要交叉跨越的关键重要线路，可在夜间铁路停运、高速车流量减少时利用夜视无人机进行精细化、红外测温等机巡作业。电力线路夜视作业如图 1-14 所示。

综上所述，夜视无人机巡视作业在夜间巡逻与监控、异常检测与报警、夜间救援与支援、夜间环境巡检、交通监控与疏导及电力系统应用等方面具有广泛的应用前景和重要的实用价值。

图 1-14　电力线路夜视作业

1.10　在线监控巡视作业

📖 作业概述

在线监控巡视作业是指通过安装在网络上的摄像头、传感器等监控设备，结合视频分析、人工智能等技术，对监控范围内的目标进行实时、远程的监控和巡视。这种方式能够实现对监控目标的全方位、全天候监控，及时发现异常情况并作出响应。

📋 作业用途

（1）交通安全。

对车辆超速、逆行、违停等违章抓拍与查处；对车流量、拥堵情况、交通烟雾和火灾等事件进行自动监控；实时对道路路况、桥梁隧道等基础设施进行巡检，及时发现道路设施损坏等问题，保障道路安全畅通。

（2）工业生产。

对生产线、设备运行状态、工人工作、环境情况等进行实时生产全流程监测，通过数据分析和预测，提前发现潜在的故障和生产问题，有效避免生产事故的发生。

（3）城市管理。

通过在城市的重要区域、交通要道、公共场所等地点部署在线监控，能够实现对城市环境的实时监控。一旦发生异常情况，如犯罪行为、交通事故等，系统能够立即发现并发出预警，为相关部门提供及时响应的机会；监测城市的公共设施、交通状况、环境质量等，通过智能监控系统实现智慧城市的建设，提供智能化的服务和管理。

（4）建筑安全。

通过安装传感器和监控摄像头，检测建筑物的结构健康状况、火灾风险等，提前采取措施防范危险；在建筑工程项目中，特别是在重大危险源项目（如深基坑支护、高支模施工作业、搭设外墙脚手架、大规模施工起重机械应用等）中，能够全面监控施工作业的安全状态，及时发现并处理安全隐患和违法行为，全面、直观地了解项目现场的情况。

（5）电力巡检。

在线监控结合智能识别技术对输配电线路、变电站等关键设施进行实时监测。通过监测电力设备、环境、气象等参数，可以及时发现并处理潜在的安全隐患，确保电网的安全稳定运行。输配电线路环境通道环境、风速、风向、覆冰、弧垂、舞动、绝缘子污秽等参数进行实时监测，系统能够提供线路异常状况的预警，并通过对线路各有效参数的监测，实现电力线路故障的精确定位。变电站通过传感器、智能仪表等可实时监控变压器、开关柜等运行情况。在输配电线路特殊区段、变电站、配电室、重要办公场所等关键地方安装视频装置，可全天候监控设备运行安全。视频在线监控智能识别外破如图 1-15 所示。

图 1-15　视频在线监控智能识别外破

1.11 机器人巡视作业

📖 **作业概述**

机器人巡视是指使用机器人来执行巡视、检查等任务的活动。这些机器人可以是地面上的，也可以是空中飞行的，甚至是水下的。机器人巡视通常用于需要长时间、重复性、难度大、风险高的任务，例如安保巡逻、设施监控、环境检测、电力巡检等。通过机器人巡视，可以提高效率、减少人力成本，并且在某些情况下可以增强安全性和响应能力。

（1）人机协同作业。

利用机器人内置机械传感装置，与人类协同开展手动或半自动作业。如工业制造行业利用搬运机器人协助搬运物品。医疗行业医疗机器人通过医生远程操控，完成手术操作、康复训练等作业。勘探行业水下机器人利用传感器和声呐系统，探测海底地形、水文数据、采集生物样本作业等。能源行业利用机器人开展设备健康状态人机协同巡查作业等。变电站巡视机器人如图 1-16 所示。

图 1-16　变电站巡视机器人

（2）代替人类部分功能。

利用预先设置的参数和程序实现完全自动化作业，如制造业焊接机器人利用焊接枪自动焊接，通过传感器控制焊接参数，实现精确焊接作业。安防行业巡逻机器人利用传感器和导航技术，自动巡逻指定区域，发现可疑情况及时报警。能源行业利用机器人自动巡视指定设备，发现设备健康度下降时立即发出预警，通知运维人员开展设备维护。农业用采摘机器人利用视觉系统和机械臂，自动识别成熟的水果或蔬菜并进行采摘作业。教育行业互动教学机器人利用 VR/AR 技术，实现人机互动，提高学习兴趣和效率等。

（3）拥有一定程度自主意识。

利用人工智能技术，具备部分或者完全自主作业能力，可根据作业场景自我制订作业策略、自我制订作业路径、自我下达实施任务、自我评估作业任务完成质量、自我纠正作业任务、策略偏差，根据不同行业规则自适应动态更新运维策略。随着人工智能技术的不断发展，预计未来会得到大规模的应用。

目 作业用途

（1）太空探索。

在太空探索领域，机器人可进行远程操作，在危险的月球或火星表面执行勘探、采样等任务，避免宇航员直接面临潜在威胁。机器人具备自主导航能力，能够在未知复杂的太空环境中自主完成观测、测量等目标。机器人还能在轨道上执行航天器的维修保养，如更换零件、清洁表面等，延长航天器的使用寿命。机器人也可参与太空基础设施的建造和组装，如月球基地、太空电梯等，提高效率和安全性。携带科学仪器的机器人能深入探测未知天体，获取关键数据，为人类认识宇宙奠定基础。

（2）工业制造。

在工业制造领域，机器人可以执行高精度、重复性强的生产任务，如焊接、喷涂、装配等，大幅提高了产品质量和生产效率。尤其在一些危险或恶劣的工作环境中，机器人可以替代人工完成工作，确保作业人员的安全。机器人还具备高度灵活性，能够根据生产需求快速切换和调整，提高生产线的柔性。机器人还能有效促进工厂自动化和智能化水平的提升。借助先进的传感技术和控制系统，机器人可以实现自主规划路径、自动检测质量、自主维护保养等功能，大幅降低了人工成本和管理成本。此外，机器人还可与生产管理系统深度整合，实现生产数据的实时采集和分析，为企业运营决策提供有力支撑。

（3）物流运输。

机器人技术在物流运输行业广泛应用，为提升物流效率和降低成本发挥了重要作用。在仓储环节，机器人可以执行货物搬运、叠码、分拣等烦琐重复性工作，大幅提高作业效率和准确性，减轻人工劳动强度。机器人可实现智能化仓储管理，通过自主导航、货架定位等功能，合理安排存储布局，最大化利用仓储空间。机器人还可用于货物装卸、码垛等作业，提高装货效率，降低人工成本。

在运输环节自动驾驶技术使得无人车、无人机等机器人在运输中应用日益广泛，可在恶劣环境及夜间作业中发挥优势，提高运输效率和安全性。机器人还能实现包裹分拣、配送等"最后一公里"环节的智能化，大幅提升末端配送效率。

（4）电力巡检。

在发电厂和输电线路维护中，机器人可代替人工完成一些高空作业、狭窄空间检查等危险任务，大幅提高作业安全性。基于机器人的视觉、触觉等传感技术，还可以精准检测设备故障，及时发现隐患，从而降低意外事故发生的概率。机器人还可应用于电网巡检工作。通过搭载高清摄像头和红外热成像设备的无人机或履带式机器人，可以高效、全面地扫描电网线路及设备状态，及时发现问题并上报。相比传统人工巡检，机器人能覆盖更广的区域，大幅缩短巡检时间，提升电网运维效率。机器人在电力系统自动化中也发挥了重要作用。一些智能机器人能自主完成设备拆装、线缆敷设等操作，帮助电力企业提高生产效率、降低人工成本。此外，机器人还能与电力监控系统集成，实现设备远程监控和自动化调度，增强电力系统的智能化水平。

1.12　地面激光建模作业

📖 作业概述

地面建模作业指运用不同的地面建模终端，如地基雷达、背包雷达、车载雷达等，通过对目标区域（如电力行业的输电线路、配电线路、变电站，或其他行业的相关设施）开展激光扫描来获取三维点云模型的一种作业方法。

作业用途

（1）地形测绘。

激光雷达在地形测绘中的使用是通过安装在飞机或无人机上获取地面的精确高度数据。这个过程涉及大量的激光脉冲被发射到地面并记录它们反射回来的时间，通常称为飞行时间。利用这些数据可以创建高分辨率的地形图和数字地面模型。

这些模型对于洪水模拟、水土保持、采矿、土地规划和其他类型的地理信息系统分析都是至关重要的。通过激光雷达，可以迅速获取大面积的三维测量数据，而这通常是人工难以做到或成本极高的。地形测绘示意图如图 1-17 所示。

图 1-17　地形测绘示意图

（2）智慧农林。

在智慧农林领域，激光雷达被用于精密农业和林业管理。通过分析激光雷达数据，可以测量植被的高度和密度，以及评估作物和林地的健康状况。激光雷达还可以应用于土壤侵蚀评估、林冠结构分析及确定最佳的种植和伐木地点。

此外，激光雷达有助于优化施肥、灌溉和收割操作，因为它可以为机械化作业提供精确的导航数据。通过对植被的三维建模，可以提高农林产品的产量和质量，同时减少资源浪费。

（3）高精度地图。

高精度地图在自动驾驶和先进的驾驶辅助系统中会发挥关键作用。激光雷达可以扫描并创建道路环境的详细三维地图，包括路面标记、交通信号灯、路牌、路缘石和其他关键信息点。

这些高精度地图不仅可以帮助自动驾驶车辆理解周围的环境，还可为车辆提供位置和导航信息。此外，与传统的基于相机和雷达的解决方案结合使用，高精地图可以进一步提高自动驾驶系统的可靠性和安全性。

（4）勘灾应急。

激光雷达对于应对自然灾害和进行紧急响应至关重要。它可以迅速为救灾人员提供受灾区域的精确三维图像，使他们能够快速评估损失、确定被损坏或被阻塞的基础设施、并规划最有效的救援路径。

在地震、洪水或风暴后，激光雷达有助于评估关键基础设施，如桥梁、道路和建筑物的完整性，从而有助于规划及时的修复工作，还可以监测临时营救和避难所的建设。

（5）数字城市。

数字城市利用激光雷达数据来创建城市的详细三维模型，这些模型有助于城市规划、设计和管理。通过使用这些模型，城市规划者能够更好地理解当前环境的条件，合理规划未来的发展。

激光雷达数据还可以帮助管理城市的交通流量，监控和维护基础设施，以及增强城市的安全性。对于智能城市项目，激光雷达提供了必要的技术支持，它有助于提高城市的效率、可持续性和生活质量。

在所有这些领域内，随着硬件和软件的进步，激光雷达的应用正在不断扩展，并与其他技术（如计算机视觉、人工智能和大数据分析）结合，以带来更加精确和可靠的结果。

（6）电力系统应用。

电力设备高精度激光点云的应用场景，主要包括信息建模、智能验收、智能检测、智能巡视等。

目前电力设备信息建模，主要采用solidworks、3Dmax等软件实现，基于二维设计图纸、无人机精细化图像，可三维放样形成一一对应的矢量模型。将高精度激光点云与矢量化模型进行空间位置匹配，可生成输电线路、变电站、配电线路高精度模型。将高精度模型关联电网管理平台台账，加载至地理信息系统内，即可实现信息建模。图1-18为输电线路信息模型，图1-19为变电站信息模型。

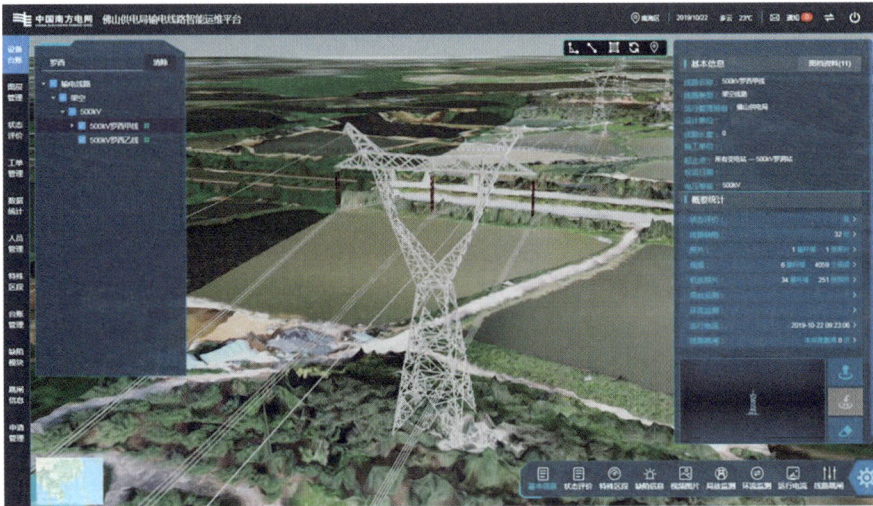

图 1-18　输电线路信息模型

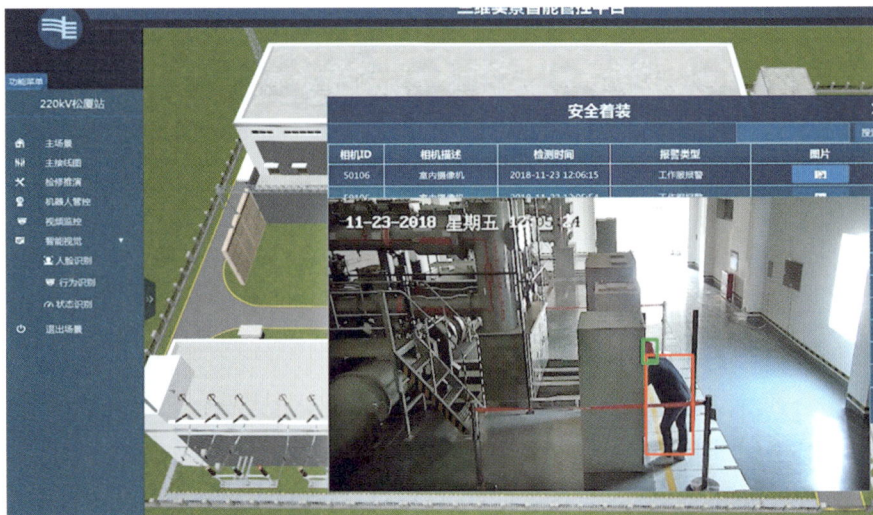

图 1-19　变电站信息模型

输电线路智能验收可基于电力设备激光点云数据完成输电线路本体距离和通道距离测量，如开展跳线对塔身、横担距离检测，以及杆塔倾斜、转角、线长、弧垂、相间距离检测等，开展导线对树木、房屋、高速公路、铁路、河流等距离检测，及时发现安全距离不足缺陷隐患，助力工程线路零缺陷投运。

输电线路智能检测可基于电力设备激光点云数据开展输电线路导线对树木、房屋、高速公路、铁路、河流等距离定期检测，及时发现安全距离不足等隐患，及时对输电线路完成数字化体检，并基于温度、载流量等条件，对导线开展综合工况分析，分析不同气象条件下，导线对交跨物距离。实时工况导线对道路、树木距离检测及模拟80℃导线对道路、树木距离检测，示意图分别如图 1-20 和图 1-21 所示。

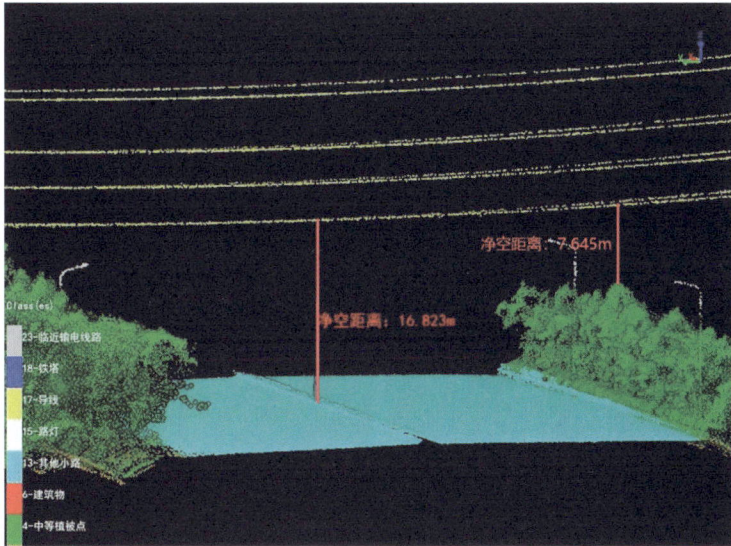

图 1-20　实时工况导线对道路、树木距离检测示意图

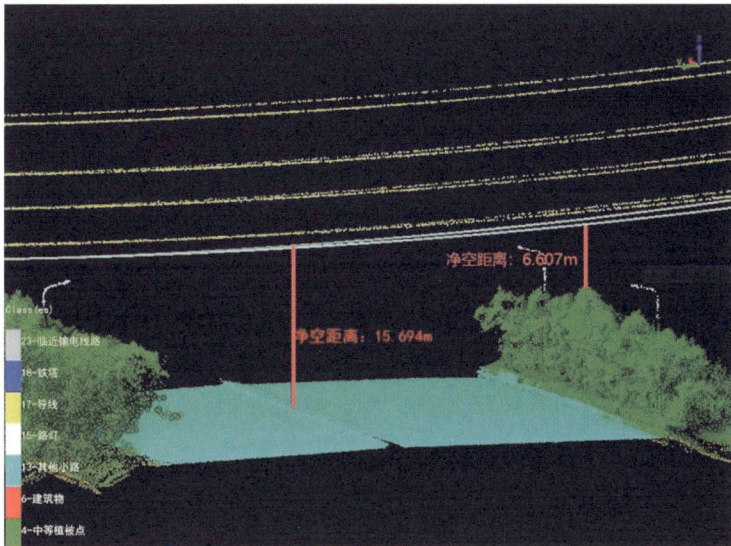

图 1-21　模拟 80℃导线对道路、树木距离检测示意图

输电线路智能巡视基于输电线路激光点云提供的输电线路杆塔、绝缘子、导地线、金具等高精度坐标，规划无人机自动巡检航线，实现输电线路自动精细化巡视，及时发现设备缺陷隐患。无人机智能巡检航线如图 1-22 所示。

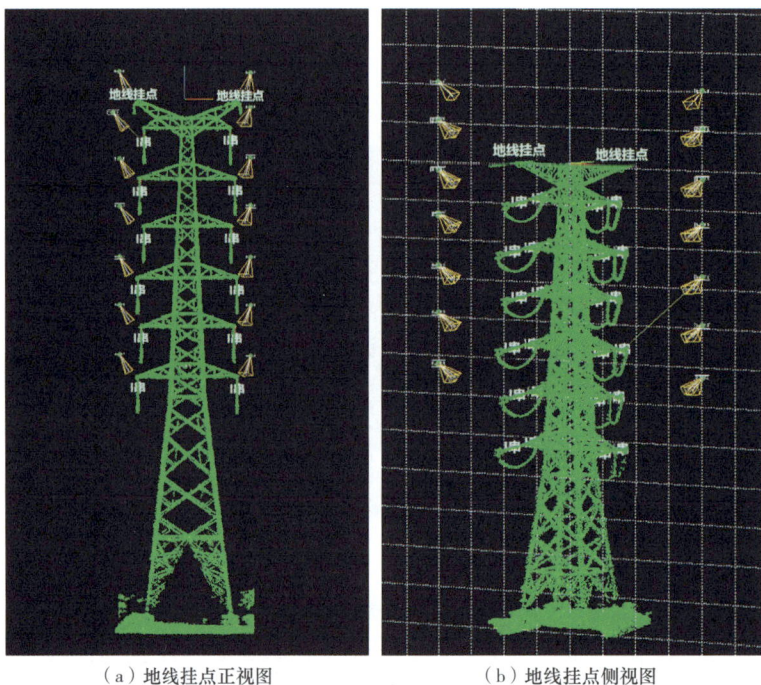

（a）地线挂点正视图　　　　（b）地线挂点侧视图

图 1-22　无人机智能巡检航线

1.13　地面步进式激光实景建模作业

📖 作业概述

地面步进式激光实景建模作业指运用实景三维激光相机，结合激光雷达终端，通过对智慧城市、智慧博物馆、刑侦消防、房产营销、电力设备设施等开展激光扫描来获取三维全景模型融合点云模型的一种作业方法。

📋 作业用途

（1）智慧城市。

实景三维激光相机和激光雷达技术的融合，为城市治理领域带来了革新性的解决方案。通过对城市建筑和设施的精准扫描，能够输出高度还原实景的三维模型和点云信息，为各领域的城市管理提供全新的数据支撑。

在消防领域，高精度三维模型可以帮助消防部门全面了解建筑结构，提高应急响应效率。在城市管理中，这些模型可用于数字化管理基础设施，及时发现问题并优化规划。在水利领域，数字孪生模型可实时监测设施运行，为资源调配和灾害预警提供依据。

地面步进式激光实景建模技术的发展，为城市治理各领域带来全新的数字化管理手段。这些技术不仅提高了管理效率，也为未来智慧城市建设奠定了坚实基础。

（2）智慧博物馆。

以上海市历史博物馆的数字化项目为例，该项目充分利用了步进式激光实景建模技术，生动展示了博物馆数字化转型的显著价值。

通过对建筑和设施进行全面三维扫描，博物馆建立了精细的数字化模型，不仅还原整体结构，更呈现建筑细节。这些数字化模型让参观者能欣赏到建筑的匠心设计，也让馆藏文物的细部之美尽收眼底。

在数字展厅中，访客可以通过沉浸式线上漫游，感受建筑空间的变迁，发现隐藏的历史线索。这种融合三维技术的展示，保留了实物展览的细节还原，更赋予了全新的交互体验。

数字化建模还为博物馆带来诸多便利，如数字化养护和修复、线上展览等，提高了经营效率，降低了实物保护成本。

（3）刑侦消防。

通过步进式激光实景建模扫描，可及时对火灾现场进行高精度三维重建，大幅提高现场信息采集效率，第一时间固化现场证据。

在三维数据处理平台上，可进行便捷分析，如物证热点标记、自动导览、面积/距离测量等，实现无纸化案件分析，提高效率降低误差。三维数字化勘验还支持专家同屏协作，实现异地专家联动，有效整合专家资源，提升整个勘验办案效率。

相比传统勘验，步进式激光实景模型可高效固化现场信息、精准记录物证、支持无纸化分析、实现异地专家联动，大幅提升火灾事故调查的专业性和科学性，对行业发展意义重大。

（4）房产营销。

步进式激光实景建模装置高效、高精度的三维数据采集能力，将传统线下销售中心搬到线上，为开发商和购房者带来全新互动体验。

该数字化建模方案可高度还原楼盘信息，从外观到园林，乃至室内各功能区域，购房者可在电脑或移动设备上 360°浏览。相比传统实地看房，这解决方案大幅节省时间成本，且确保信息全面准确。

数字模型赋予购房者更多主动权，消费者可自由漫游探索，了解更多细节信息，还支持 VR 沉浸式体验。该技术的应用，提升了销售效率，为房地产行业数字化转型注入新动力。

（5）电力巡检。

地面步进式激光实景建模技术在电力巡检中的应用越来越广泛，前景广阔。这一技术为电力行业带来了全新的数字化解决方案，在提高巡检效率和安全性方面展现出巨大的潜力。智飞激光实景平台如图 1-23 所示。

图 1-23　智飞激光实景平台

这一技术路线成功解决了传统点云模型无法清晰展现设备外观的问题。通过高精度的三维扫描技术，可以构建出逼真的电力设施外观的数字孪生模型。在全新的融合模型中，每一个设备、管线乃至局部构件都能被精准地捕捉和呈现，为后续的各项应用奠定了坚实的数据基础。

基于这一高度还原的三维模型，该技术可以广泛应用于电力设备和设施的巡视、验收、现场勘察等场景。相比传统的人工巡检，这种数字化解决方案不仅能够提高巡检效率，还能确保信息的准确性和完整性。电力工作人员无须亲临现场，即可通过沉浸式的模型浏览，快速了解设备运行状况，发现潜在的安全隐患。同时，这种模型还可以作为事故发生后的分析依据，为事故原因调查提供可靠的数字化证据。

除此之外，基于三维实景模型的技术还能在电力工程信息管理中发挥重要作用。对于一些隐蔽工程，传统的二维平面图纸往往难以全面反映实际情况。而通过三维数字孪生，不仅可以更好地记录和保存设备的空间布局，还能为后期的维修养护提供精准的参考依据。同时，这一技术还支持对单体设备的矢量识别、标注和语义分割，进一步增强了模型的信息挖掘和分析能力。

地面步进式激光实景建模技术正在为电力行业的数字化转型注入新的动力。它不仅能大幅提高电力设施巡检的效率和安全性，还能在工程信息管理、事故分析等领域发挥独特优势。

第 2 章
作业任务机型与载荷

2.1　概述

随着电力事业的不断发展，电网规模越来越大，设备越来越多，80%以上的设备位于远离城镇、远离交通干线、人烟稀少的高山大岭地区，且需要特维的线路和站点占全部线路的比重高达 20%以上。与线路规模大、运检难度大、质量要求高不适应的是，现有电网运检人员的年均增长率不足 3%，长期面临巡视资源紧张缺员问题，且传统人工巡检模式存在巡检效果差、工作效率低、人工成本高等方面问题，已经不能适应电力系统精益化运检工作的要求，促使巡视的工作量也不断增加，运行人员工作负荷越来越重，仅仅依靠传统的人工巡视已不能满足电网运维的要求。

随着科技的不断发展与进步，高分辨率可见光照相机（摄像机）、高精度红外热像仪、三维激光雷达扫描设备等检测装备丰富了电网运检手段，特别是近年我国"低空经济"政策逐步放开和无人机技术快速进步，推动电网运检由传统人工巡维模式向机巡模式转变。与传统人工巡维相比，无人化巡检具有效率高、质量高、不受地形条件影响等特点，是电网管理向更加高效、精细、经济方向发展的重要手段。本章主要介绍当前电网输变配主要巡视方式、机器选型与配置，为电网输配电巡检智能化、无人化提供理论依据与支持。由于大疆系列的高可靠性和易操作性、道通系列的高性能和长续航、广州中科云图系列的定制化解决方案和高精度传感器，以及广州优飞智能系列的智能巡检装备和高效数据处理能力，电网企业普遍选择了这些无人机系列以满足多样化的任务需求。作业任务机型搭载多荷载示意图、大疆系列、广州中科云图系列、广州优飞智能系列分别如图 2-1~图 2-4 所示。

图 2-1　作业任务机型搭载多荷载示意图

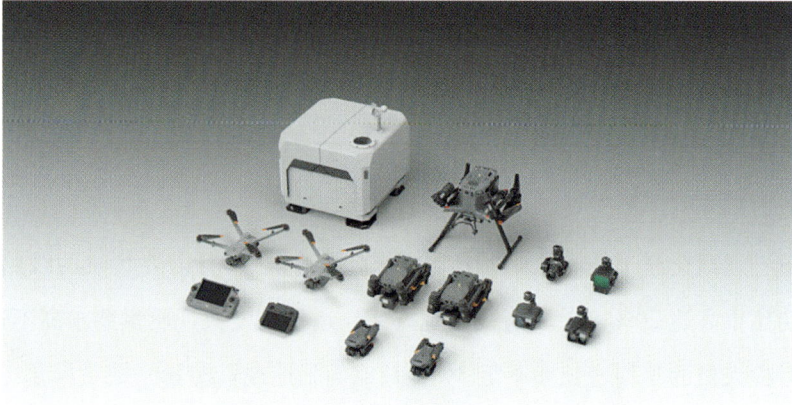

图 2-2　大疆系列

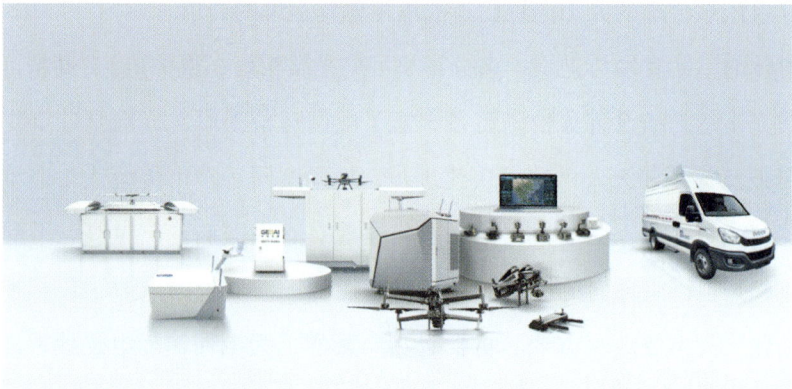

图 2-3　广州中科云图系列

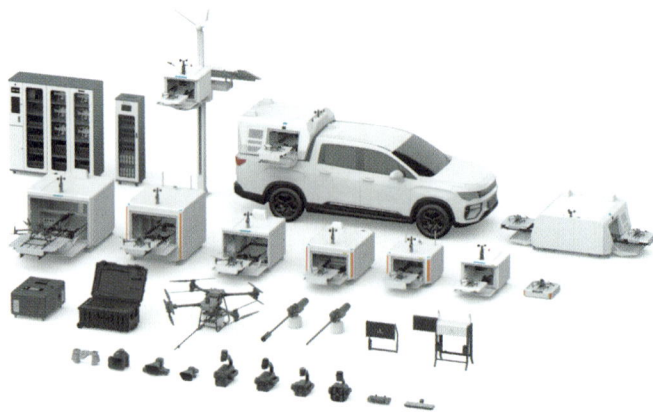

图 2-4　广州优飞智能系列

2.2 作业机型种类

本节主要介绍电网企业输变配各专业巡视、检修使用的作业机型类型，主要包括多旋翼无人机、固定翼无人机、隧道机器人、变电站机器人、在线监测装置的介绍与技术特点。

2.2.1 多旋翼无人机

多旋翼无人机也叫作多轴无人机，是一种拥有三个及三个以上旋翼轴的特殊形式的直升机，多旋翼无人机飞行机动灵活、操作简单、悬停稳定性高、抵御阵风能力强，可以对杆塔、绝缘子串、金具等设备进行图像信息采集，取得图像或视频供技术人员进行分析，也可在电力设备大型检修作业前进行勘测，提前检查设备状况，便于检修方案的制订。

多旋翼无人机自 2013 年进入电力行业应用以来，一经试用，深受一线生产班组喜爱，需求的快速增长促使相关技术不断发展，多旋翼无人机遥控距离从原来的 500m 提升到 10km；云台相机从最初的定焦发展至多传感器（行业版）、变焦版、大载重版；从只能飞巡，到现在还可以开展特种带电作业；应用专业也从输电扩展到配电、变电；续航也从纯电动扩展到油电混合、氢能源动力，续航时间大幅提升。

电力巡检广泛使用的多旋翼无人机主要为大疆品牌无人机，目前占有率约为 80% 以上。具体系列为大疆御系列、大疆经纬系列、大疆精灵系列、大疆 FlyCart，由于大疆系列机型占比较大，具备代表性，下面以大疆机型介绍为主。

1. 大疆御系列

大疆御（Mavic）系列无人机是大疆创新推出的一系列便携式消费级航拍无人机，以其折叠设计、高性能与易携带性著称，非常适合旅行摄影、户外探险及专业航拍等多种场景。这一系列主要分为 Mini、Air、Pro 等不同型号，每个型号针对不同的用户需求和预算，提供了多样化的选择。大疆御系列如图 2-5 所示。以下是几个主要型号的特点。

（1）大疆御 Mini 系列。

这是御系列的入门级产品，价格相对亲民，适合初次接触无人机或预算有限的

图 2-5　大疆御（Mavic）系列

飞手。

　　Mini 系列特别强调便携性和操作简便，但相对高端型号，其避障能力、拍摄质量和图传体验可能略逊一筹。大疆御 Mini 系列如图 2-6 所示。

图 2-6　大疆御 Mini 系列

　　（2）大疆御 Air 系列。

　　大疆 Air 系列定位介于 Mini 和 Pro 之间，提供了更强大的性能和拍摄质量。大疆御 Air 系列如图 2-7 所示。

　　例如，Air 2 配备了 1/2in 传感器，支持 Quad Bayer 技术，并能够以 120Mbps 码流录制 4K/60fps 视频，提升了图像处理能力和色彩深度。

　　它拥有更好的飞行距离（如 10km 的最大飞行距离）和载重能力（超过 700g），支持 H.265 编码格式，接近专业级别的拍摄设备。

图 2-7　大疆御 Air 系列

（3）大疆御 Pro 系列。

大疆 Pro 系列代表了御系列中的高端产品，专为专业摄影师和高级爱好者设计。大疆御 Pro 系列如图 2-8 所示。

Mavic 3 是一个突出的例子，搭载了 4/3 CMOS 哈苏相机和最高 28 倍混合变焦的长焦相机，提供了前所未有的画质和摄影灵活性。

Pro 系列通常拥有更先进的避障系统、更长的续航时间和更高的图像稳定性，适合需要高质量空中影像的专业应用。

所有御系列无人机均配备了 DJI GO 4 或其他相应的应用程序，便于用户控制飞行、实时查看画面并编辑分享内容。此外，它们的设计注重便携性，可以在折叠后轻松放入背包，随身携带到任何地方。

图 2-8　大疆御 Pro 系列

（4）大疆御行业版系列。

大疆御行业版系列的行业版无人机是为专业领域和商业应用量身定制的版本，相比消费级产品，它们更侧重于行业解决方案，强化了耐用性、安全性及特定行业的功能，如测绘、巡检、搜救、安防监控等。大疆御行业版系列如图2-9所示。

大疆御3行业版作为Mavic系列的最新行业应用机型，在性能和功能上进行了升级，拥有更强大的图像传感器、更长的续航时间和更先进的避障技术，适合应急救援、安全巡查等需要高效率、高可靠性的行业应用。

图 2-9　大疆御行业版系列

御3行业版在设计上考虑了便携性和快速响应需求，方便在紧急情况下快速部署。

这些行业版无人机除了硬件上的优化外，还通常配备有专业的软件支持，如大疆司空系统（DJI Pilot）应用，提供定制化地图、航线规划、数据管理和团队协作功能，使得无人机能够更好地融入企业的工作流程中，提高工作效率和作业安全性。价格方面，行业版无人机通常比消费级产品更高，反映了其附加价值和专业应用特性。

2. 大疆经纬系列

大疆经纬（Matrice）系列无人机是专为行业应用设计的高端无人机平台，以高性能、多功能和高度可定制化著称，广泛应用于测绘、建筑、公共安全、能源、影视制作等多个领域。大疆经纬系列如图2-10所示。

（1）经纬M30系列。

1）高度集成的传感器：经纬M30系列包括M30和M30T两款型号，其中M30T配备了广角、变焦、热成像和激光测距传感器，而M30则不包含热成像功能。这些传感器组合能够满足不同任务需求，无论是远距离侦察、精准测量还是夜间作业。大疆经纬M30系列如图2-11所示。

图 2-10　大疆经纬系列

图 2-11　大疆经纬 M30 系列

2）轻便与便携：M30 系列设计注重便携性，整套系统轻巧，便于携带和快速部署，被形容为"背包里的旗舰机"，仅重 3.77kg。

3）专业遥控器与软件：搭配行业遥控器和全新升级的 Pilot 2 软件，提供更佳的操控体验和效率。

4）扩展功能与平台支持：可与大疆司空 2 云平台和大疆机场结合使用，实现云端数据管理、团队协作和无人值守作业，提高工作效率和灵活性。

（2）大疆经纬 M300 RTK。

大疆经纬 M300 RTK 是一款专业级无人机，以其卓越的飞行性能和稳定性受到好评。它具有电动动力系统，轴距 895mm，最大起飞质量 9kg，最长飞行时间可达 55min。大疆经纬 M300 RTK 如图 2-12 所示。

1）高精度定位：集成 RTK 定位系统，提供厘米级别的定位精度，对于要求高精度的测绘、建筑施工等任务至关重要。

2）多样化挂载选择：支持多种相机和传感器挂载，包括禅思系列相机，且云台可

图 2-12　大疆经纬 M300 RTK

拆卸更换，满足不同应用场景需求。

　　3）续航优势：相较于前代产品，大疆经纬 M300 RTK 在续航能力上有显著提升，单次飞行时间更长，提升作业效率。

　　4）应用场景广泛：在航拍、测绘、农业、搜救、执法等领域均有广泛应用，通过挂载不同设备实现多样化任务执行。

　　综上所述，大疆经纬系列无人机以其高性能、高度集成的传感器配置、灵活的可扩展性以及与大疆生态系统无缝集成的能力，成为行业用户信赖的专业工具，适合对无人机性能和数据处理有严格要求的任务。

3. 大疆 FlyCart 系列

　　2023 年 8 月大疆正式发布首款民用运载无人机 DJI FlyCart 30（简称 FC30），集大载重、长航程、强信号、高智能于一身，适用于山地、岸基、乡村运输场景及各类应急场景下的物资运输。大疆 FlyCart30 如图 2-13 所示。

图 2-13　大疆 FlyCart30

FC30 采用 4 轴 8 桨多旋翼构型，双电模式下最大载重 30kg、满载最大航程 16km。整机具备 IP55 防护等级，可适应-20°C~45°C 的工作环境温度，最大飞行海拔 6000m，拥有超强环境适应性，可适应全天候、宽温域、跨海拔的作业场景。具备货箱及空吊两种负载模式，货箱支持快拆和自动称重，空吊支持智能消摆和紧急熔断等功能，为用户带来灵活多样、稳定可靠的使用选择。全新双电池系统、4G 增强图传、多向智能避障、智能多备降点、支持一机双控及标配降落伞，最大限度保障使用安全。结合专为运载应用设计的大疆司运云平台及司空系统 2（DJI Pilot）应用，为用户提供更高效、经济、安全的软硬件一体化空中运载方案。

4. 南网科技慧眼系列无人机

南网科技慧眼系列无人机巡检技术已经在技术成熟度、应用范围上处于业界前沿。已建成国内电力能源领域最大规模的低空巡检系统，覆盖站点超过 3000 座，广泛应用于南方电网的输变配联合巡检示范项目，显著提升了电网运维的效率与安全性。慧眼系列无人机拥有增强的续航能力、高精度定位系统，以及能够适应复杂环境的飞行与监测设备，确保巡检任务的高质量完成。

南网科技慧眼 2.0 无人机重 1650g，续航时间可达到 45min，最大抵抗风力 8 级（悬停），可实现垂直精度±0.1m、水平精度±0.1m 的 RTK 定位能力。可挂载产品配套的 Smart Eye2.0 3T 与 Smart Eye2.0 4T 均配备 1/1.28in CMOS，日间/夜间有效像素 5000 万/1250 万的广角相机；并配备长焦相机与红外相机。其中 4T 挂载具有范围 5~1200m 的激光测距。南网科技慧眼 2.0 如图 2-14 所示。

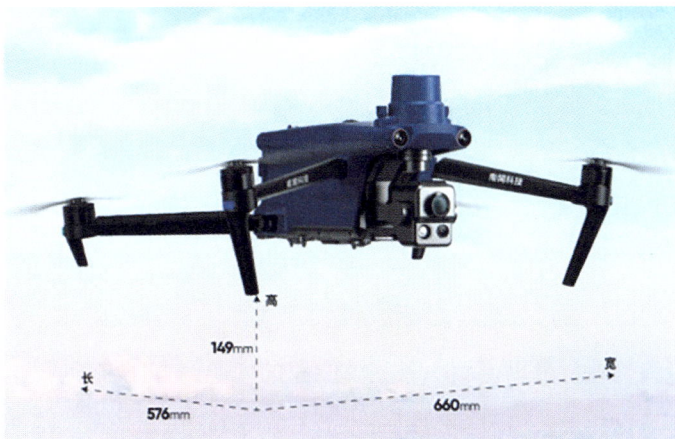

图 2-14　南网科技慧眼 2.0

2.2.2　固定翼无人机

固定翼无人机载荷大，飞行速度快，续航时间长，但是一般不能进行悬停，该机型一般用于输电线路走廊的整体普查，及时发现线路走廊内违章建筑和高大树木，以及用于灾后应急评估，可为救灾抢险提供第一手的现场资料。纵横 CW-007 无人机如图 2-15 所示。

固定翼无人机和多旋翼无人机相比较，固定翼可以装载更大的电池或更多的设备，同样容量的电池也可以飞行更长时间，所以续航时间完全超越了多旋翼。再考虑到速度上的优势，固定翼的航程一般能达到 80km 以上，是多旋翼的 3~5 倍。在搭载同样设备的情况下，可对线路进行更大范围的排查。

图 2-15　纵横 CW-007 无人机

就长线路大范围排查而言，更需要长航时、长距离的飞行，故而选择固定翼无人机。固定翼无人机并不是没有缺点，由于速度快、飞行高度太高，无法对设备本身的细节缺陷进行扫描识别，但固定翼无人机适合开展输电线路的通道巡视，以其机动灵活、便携等优势，搭载微单相机，可在阴天云下获取光学影像、可低空获取高分辨率影像、可远距离长航时飞行、可在高危地区探测、可在复杂环境下做复杂航线飞行。运用飞控系统为图片加入定位定向系统（position orientation and state information，POS）信息，将收集到的图片通过处理、分析，可发现线路上的外破隐患。运用计算机软件对图片进行拼接和整理，可以得到一条完整线路的图像，方便维护管理。

成都纵横自动化技术股份有限公司研发的 CW-30 大鹏垂直起降固定翼无人机是一款高性能的工业级无人机，它结合了多旋翼和固定翼无人机的优点，具有广泛的行业应用潜力。下面是 CW-30 的主要特点：①具备垂直起降能力，CW-30 采用垂直起降设计，能够在较小的空间内起飞和降落，无须跑道，这大大增强了它的部署灵活性。②长航时与大载重，由于油电混合动力系统的高效性，CW-30 能够实现长时间的飞行，具体航时可能依据机型版本和载荷而有所不同。同时，它能够携带较重的任务载荷，比如传感器、相机或其他专业设备。③任务载荷多样性，CW-30 能够搭载多种任务载荷，包括但不限于激光雷达、专业航摄仪、多拼相机、光电吊舱及合成孔径雷达等，这使得它能够满足不同行业的需求，如测绘、环境监测、农业、安防等。在电力系统中，CW-30 可高效完成输电线路巡检、杆塔检测、通道环境监测等任务，帮助识别潜在隐患，提升电网运维的效率和安全性。

青海电网使用固定翼无人机对电网变电站进行巡检，实现高效的巡检覆盖。固定翼无人机可以按照规划的航线快速飞行，在短时间内对变电站的大面积区域进行巡检，大大提高了巡检效率。能够到达一些人工难以触及或不易观察的区域，实现全方位的巡检覆盖，避免了巡检盲区，让潜在的故障隐患无所遁形。此外，固定翼无人机搭载先进的传感器和摄像设备，能够获取高清晰度的图像和数据，对变电站设备的外观、结构等进行详细的检查。总的来说，青海电网使用固定翼无人机进行变电站巡检，为电网的安全稳定运行提供了有力的保障，有效提高了故障发现的效率和准确性，降低了运维成本和风险。

2.2.3　电缆隧道机器人

随着电力行业的进步和城市化进程的推进，越来越多城市电网采用地下电缆隧道来实现日常电能供应，此举一方面缓解了地面敷设电缆给道路交通和周边建筑带来的影响，另一方面也提高了电缆使用的寿命，使电能传输过程中电力事故的发生概率有所降低。但是，将电缆埋设于地下隧道之中意味着电缆巡检工作的难度更大。由于现有电缆隧道管理力度不足，多数电缆隧道中存有很严重的火灾隐患和有毒气体隐患，一旦巡检人员在进行日常巡检时未能按照相关规定穿戴防毒防高温设施，很容易受到有害气体、有害烟雾或高温的生命安全损害。因此电缆隧道机器人的主要存在价值在于替代巡检人员执行危险巡检工作，隧道机器人一般采用巡检机器人和灭火机构的联动控制，可实现机器人系统对电缆隧道的巡视。

电缆隧道机器人的主要优势如下：

（1）自主或远程控制作业。

智能巡检机器人系统以自主或遥控的方式，在无人值守的电力隧道对线路进行巡检，可及时发现电力设备的热故障、外观缺陷等设备异常现象，提高运行的工作效率和质量，真正起到减员增效的作用。

（2）及时监测响应。

机器人不仅可以在第一时间进入事故现场，把现场的视频、图像、空气中有害气体的含量报警等数据发送回指挥中心，同时，也可以执行应急对讲指挥等相关的处置措施，起到更好的防灾减灾效果。

（3）具备灭火等功能。

机器人还具备主动灭火功能，可以自动或电控的方式扑灭小规模的火灾。

2.2.4 变电站机器人

传统的人工巡检方式存在工作效率低、受人为因素影响大，容易产生误判和漏判的局限性，对巡检人员身心也会产生较大影响。因此变电站采用巡检机器人代替人工巡检是电力巡检的重要发展方向之一。

变电站机器人已实现例行巡视、表计读取并自动存储对比分析、恶劣天气巡视、红外精确测温、后台自动存档分析等功能，有效提升了变电站的巡检效率和效益，减轻了基层班组一线员工的工作负担。变电站机器人如图2-16所示。

图2-16　变电站机器人

机器人巡检系统通常由机器人本体、充电系统、无线传输系统、本体监控后台及其他辅助设施组成。变电站机器人使用无轨导航方式，可实现快速部署，方便站间调配，采用四轮独立驱动，适应于各种复杂环境；提供高清晰度红外及可见光视频图像，测温精度高；采用基于激光雷达和惯导组合的精确地形匹配的导航方案，定位精度达到厘米级；超声防撞可提供高可靠性安全保障，可原地全向运动，为巡检提供更强的易用性。

变电站机器人的主要优势如下：

（1）提高设备健康水平。

用机器人巡检后，能及时发现设备缺陷，对不能及时处理的缺陷，能定时定期巡查监视跟踪，保证设备的安全稳定运行。

（2）减轻人员劳动强度。

自然条件较为恶劣的环境下，使用智能巡检机器人代替人去巡视设备，既保证恶劣气候巡视人员的安全，又能提高巡视质量，为变电站的安全稳定运行提供保障。

（3）降低设备运维成本。

驻点变电站安装了远端服务器，使巡检机器人能实现远程控制功能。当变电站无人值守而需要巡检或其他原因无法到达变电站进行巡检时，可在驻点的巡检机器人系统后台直接下发巡检任务，远程控制机器人巡检，既节约成本，又提升应急响应能力，提升工作效率。

2.2.5　在线监测装置

在线监测终端主要应用于电力行业远程遥测、远程维护的巡维场景，输配电领域主要应用有微气象监测、杆塔倾斜、防盗报警、覆冰厚度、弧垂温度等线路情况实时监测，可大幅提升输电线路、站点监测的精准性及决策处置的智能化水平；变电领域主要应用有变压器油在线监测技术（变压器油色谱监测、变压器局部放电监测、变压器绕组变形监测、变压器铁芯接地电流在线监测等）、气体绝缘开关设备（gas insulated switchgear，GIS）组合电子在线监测技术（局部放电监测、SF_6 微水密度监测、避雷器监测）、电缆在线监测技术（局部放电监测、电缆光纤测温监测等）。

在线监测终端由采集层、传输层、监控中心三个部分构成。在线监测装置提高了电力设备缺陷隐患发现效率，有效弥补了巡视检修空档。在线监测装置示意图如

图 2-17 所示。

（a）视频监控

（b）行波故障定位

（c）杆塔倾斜监测

（d）电缆环流监测

（e）GIL振动监测

（f）微气象监测

图 2-17　在线监测装置、监测数据（一）

（g）变压器油色谱监测

（h）GIS局部放电监测

（i）避雷器监测

（j）变压器铁芯电流监测

（k）变压器中性点直流监测数据

（l）电容式电压互感器监测数据

图 2-17　在线监测装置、监测数据（二）

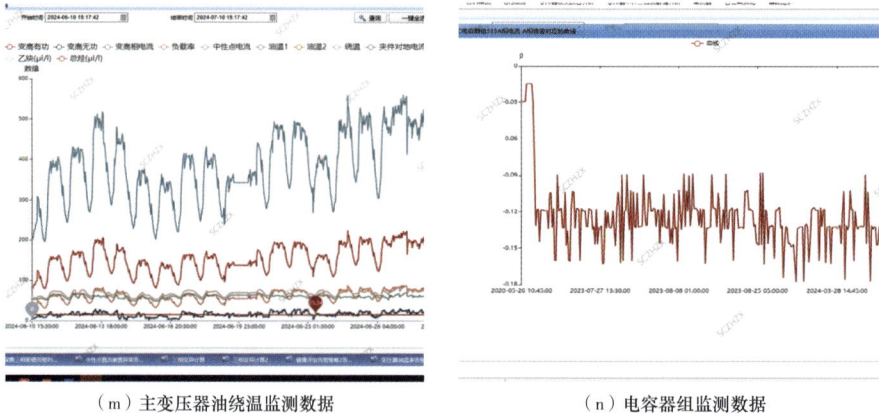

（m）主变压器油绕温监测数据　　　　　（n）电容器组监测数据

图 2-17　在线监测装置、监测数据（三）

2.2.6　自动机场

1. 多旋翼无人机机场

（1）大疆自动机场。

大疆自动机场，正式名称为 DJI Dock 或大疆机场，是由深圳大疆创新科技有限公司研发的自动无人机机场系统。该自动机场主要为提高无人机作业的自动化程度、效率和可靠性而设计，可实现飞机自动充电、任务下达、数据回传，特别适用于需要高频次、重复性飞行任务的场景，如巡检、监测等。大疆自动机场如图 2-18 所示。

大疆自动机场具备以下特点：①无人值守作业能力，大疆机场具备 7×24h 无人值守作业能力，能够在各种环境下自动执行任务，不受时间限制，大大提升了工作效率并降低了人力成本。②高效智能调度，通过大疆司空 2 平台，用户可以在云端远程制订飞行计划、管理设备和任务，无人机根据预设计划自动起飞、执行任务并返回机场，实现全自动化作业流程。③丰富完善的硬件设施，机场配备有气象站、主控模块、RTK 模块（实现厘米级定位精度）、供电系统、温控系统等，保证无人机在不同气候条件下的安全起降和停放。

（2）慧眼自动机场。

南方电网电力科技股份有限公司的慧眼系列机场是与其慧眼无人机配套使用的一套自动化设施，旨在提供无人机的自动存储、充电、维护和调度等功能，以支持电力巡检和其他领域的无人化作业。慧眼机场能够实现无人机的集群调度，这意味着多架

图 2-18　大疆自动机场

无人机可以从同一个或多个机场中被自动派遣执行任务，形成网格化协同巡检。当无人机完成任务返回机场后，机场会自动为无人机充电，确保其随时处于待命状态，减少了人工干预的需求。

南方电网电力科技股份有限公司的慧眼系列机场和无人机系统在国内电力能源领域的低空巡检系统中占据领先地位，不仅应用于电力巡检，还拓展至交警事故勘查等其他行业。随着技术的不断进步，这些机场的功能和性能预计还会得到进一步的提升。

1）慧眼固定式机场，正式名称为慧眼充电机场，是由南方电网电力科技股份有限公司研发的自动无人机机场系统。该自动机场主要为提高无人机电力巡检作业的自动化程度、效率和可靠性而设计，可适用于电网输电、变电、配电三个专业的无人机巡检场景。慧眼固定式机场如图 2-19 所示。

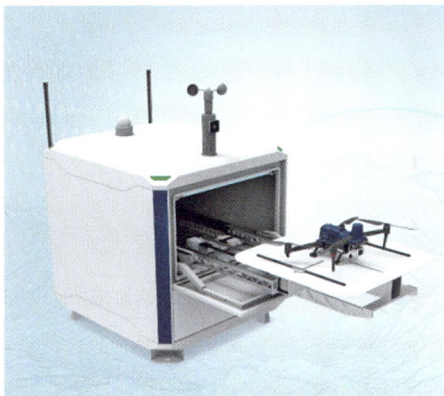

图 2-19　慧眼固定式机场

2）慧眼移动式机场是一种集成在车辆上的无人机储存、起降、充电、数据回传的成套系统，主要用于提高无人机的机动性和响应速度，尤其适用于快速部署和远程监控场景。车载无人机机场具备以下主要特点和功能：①便携性与机动性，车载机场可以随车辆移动，使得无人机能够迅速到达目标区域，无须预先设置基地或等待无人机从固定地点起飞。②机场内置起降平台，能够在需要时自动起降无人机，并在无人机完成任务后自动回收与充电，减少了对飞手的依赖。部分先进的车载机场可以支持多架无人机的集群控制，实现同时或按需调度多架无人机执行任务，提高作业效率。

3）慧眼便携式机场。

便携式无人机机场是一种设计轻巧、便于携带和快速部署的无人机储存、充电和操作平台，特别适合于需要高度机动性和即时响应的场景。

这类机场通常具备以下特征和功能：

a. 轻量化设计，便携式无人机机巢采用轻质材料制造，整体结构紧凑，易于携带，可以轻松装入背包或专用箱包中运输。

b. 快速部署，设计上强调即插即用，用户可以在几分钟内完成机巢的展开和设置，迅速进入工作状态。

c. 集成电源系统，内置高容量电池或可更换电池，能够为无人机提供多次飞行所需的电力，延长作业时间。

d. 具备无线通信能力，可集成 Wi-Fi、4G/5G 或卫星通信模块，保证无人机与控制端的稳定连接，即使在偏远地区也能实现远程操控。

2. 固定翼无人机机场

固定翼无人机机场系统主要用于自动化管理和维护固定翼无人机。系统结合了先进的无人机技术和地面控制站，提供了从无人机起飞到降落，再到数据处理和维护的完整解决方案。固定翼无人机机场如图 2-20 所示。固定翼无人机机场具备以下特点：

（1）自动机场能够自动控制无人机的起飞和降落，无须人工干预。在无人机返回机场后，系统会自动执行充电或更换电池，确保无人机随时处于待命状态。

（2）整个系统包括无人机、机场硬件、地面控制站和云端软件，形成一个完整的无人机作业闭环。

图 2-20　固定翼无人机机场

3. 室内无人机机场

室内无人机搭载着 3D 激光雷达-Mid360。室内无人机机场现场图如图 2-21 所示，采用自研混合固态技术，首次将水平视场角提升至 360° 的同时，垂直视场角也高达 59°。雷达凭借更大的视场角，可帮助无人机感知更复杂的 3D 环境，为规划、决策提供更加全面的点云数据。雷达最小探测距离低至 10cm，最远探测距离可达 70m、80% 反射率，且在室内昏暗、室外强光环境下性能一致出色，无缝衔接。同时也引入抗干扰设计，即便在室内多激光雷达信号混行的环境中，仍能互不干扰，稳定运行。室内无人机机场自动巡检图如图 2-22 所示。

图 2-21　室内无人机机场现场图

图 2-22 室内无人机机场自动巡检图

2.3 任务载荷种类

本节主要介绍无人机常见的任务载荷种类，无人机载荷是指搭载在无人机上的各种设备和物品，用于执行特定任务或完成特定功能，载荷可以分为传感器载荷和操作载荷两种类型。传感器载荷是指用于收集数据、感知环境或进行监测的设备，如相机、红外传感器、雷达等。这些传感器可以提供图像、视频、声音、热能等信息，从而支持飞行任务的执行和决策，或者支持感知数据的采集。操作载荷是指用于执行特定任务或功能的设备，如抓取装置、投放器、通信系统等。这些载荷可用于实施救援行动、搜索任务、货物运输、农业喷洒等多个领域。无人机的载荷种类丰富多样，可以根据任务需求进行选择和安装。通过搭载不同类型的载荷，无人机可以应用于许多领域，包括航空摄影、军事侦察、边境巡逻、气象观测、科学研究等。下文主要对电力行业常用的可见光载荷、红外载荷、激光雷达载荷（纯雷达）、倾斜摄影与激光雷达载荷、夜视载荷、夜视与红外载荷、X 光检测载荷、超声波声纹检测载荷、憎水性检测载荷、紫外局部放电检测载荷、低值绝缘子检测载荷、振动检测载荷、维护检修作业载荷、其他载荷（照明、喊话等）进行介绍。大疆任务荷载如图 2-23 所示。

2.3.1 无人机可见光载荷

可见光载荷巡检即利用稳像仪、相机等可见光采集设备，检查肉眼可见的电力设

图 2-23　大疆任务荷载

备特征性质变化，其设备要求简单，检测缺陷范围广，被大量应用于无人机线路巡检中。由于无人机性能特性差异，旋翼无人机与固定翼无人机在搭载可见光载荷时，工作模式及侧重点有明显差异。旋翼无人机通常被用来代替传统的人工巡检方式，由飞手在巡查地点附近升空，利用搭载的可见光影像采集设备进行巡查，其重点监测对象为架空线路本体，包括导地线、绝缘子、金具、杆塔等，以及作业点附近的线路通道异常情况和缺陷隐患。固定翼无人机通常由固定机场或临时搭建的起飞点升空，沿架空线路或既定航线飞行，对线路进行连续拍照并拼接形成通道全景图或视频录像，其重点监测对象为线路通道、周边环境、沿线交叉跨越等宏观情况，兼顾较为明显的设备缺陷，如杆塔倒伏、断线等。大疆任务荷载 P1 如图 2-24 所示。

图 2-24　大疆任务荷载 P1

2.3.2 无人机红外载荷

红外载荷是当前监测和诊断运行中电力设备过热缺陷的常规手段之一，其原理是通过红外热像仪等设备探测目标热辐射以获取目标的二维温度分布，生成热像图，通过分析热像图特征判断设备运行情况，具有高效、安全、不受高压电磁场干扰等优点，适用于变电站、架空线路、发电站等电力设备的异常发热检测。在架空线路巡检中，多装备于旋翼无人机上。大疆任务载荷 H30T 如图 2-25 所示。

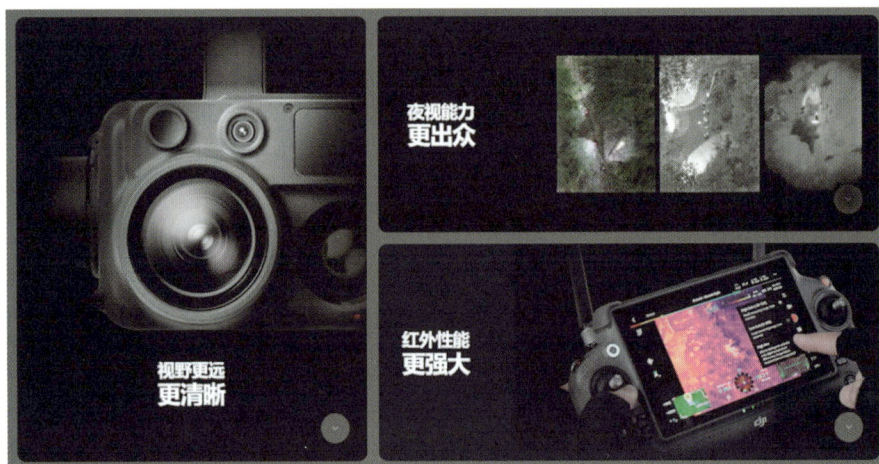

图 2-25　大疆任务载荷 H30T

2.3.3 无人机激光雷达载荷

无人机激光雷达载荷以发射激光束感知目标的位置、速度等特征量，目前被广泛应用在地理信息测绘及定位导航领域。在电力巡检中，主要用于架空线路的通道环境测绘及三维重建，是当前电力线路走廊通道环境检测的主要技术手段之一。该方法主要通过机载激光雷达扫描电力线路通道，根据点云数据建立电力走廊通道环境的三维模型，在此基础上分析危险点（树障缺陷、限距缺陷、外破缺陷等），并结合倾斜摄影进行通道可视化管控，结合微气象、导线工况进行导线弧垂、风偏、覆冰等缺陷预警。激光雷达多装载于固定翼无人机和小型旋翼无人机上，承担杆塔精细建模等任务。绿土任务载荷 x4 如图 2-26 所示。

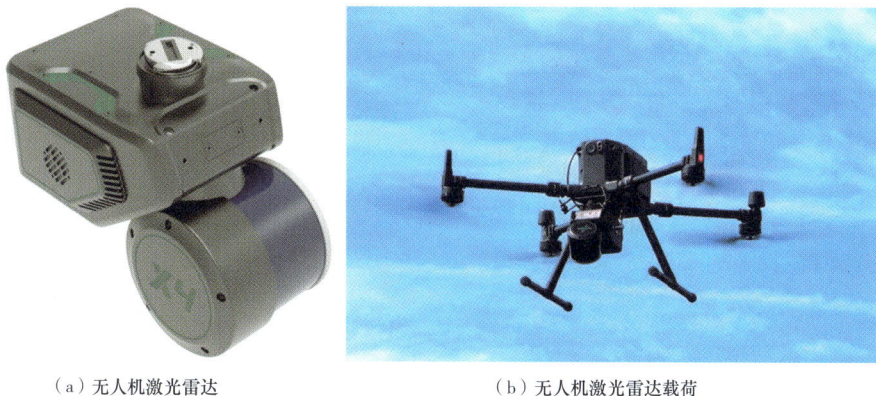

（a）无人机激光雷达　　　　　　　　（b）无人机激光雷达载荷

图 2-26　绿土任务载荷 x4

2.3.4　无人机倾斜摄影与激光雷达载荷

无人机倾斜摄影与激光雷达载荷指同时具备倾斜摄影与激光雷达扫描功能的载荷，大疆任务载荷 L2 如图 2-27 所示。激光雷达和倾斜摄影在电力巡检系统中都有一定程度的应用，主要对输电线路进行三维建模和进行交互与测量，并在平台上呈现线路走廊的三维实景，为电力巡检等工作提供有效的数据支撑和技术手段。单独应用激光雷达或倾斜摄影技术，无法兼顾可视化效果与无人机巡检效率。倾斜摄影几何精度稍低，但三维模型的可视化效果较好；激光雷达获取地物三维点云数据几何精度高，但不能获得地物的纹理信息。

倾斜摄影与激光雷达载荷即将倾斜摄影与激光雷达集合成一体，完成一次飞行即可同时获取激光雷达点云数据与倾斜影像，主要技术流程如下：对激光雷达技术获取的点云数据进行分层，分离出建筑、道路等地面物体，结合倾斜摄影的垂直影像，制作出正射影像图，结合电力走廊的数字高程模型和数字表面模型，建立无贴图纹理的走廊三维模型，并通过倾斜摄影技术在电力走廊的表面纹理数据贴图，进行自动化处理和高精度自动化构建，完成输电线路走廊的三维视景建模。

2.3.5　无人机夜视载荷

无人机夜视载荷是一款适配于 DJI Matrice 300/350 RTK 无人机云台的挂载载荷，拥有出色的清晰成像能力，具有稳定性高、聚焦准、速度快、图像效果佳等特点，在超低照度环境下也可实现全彩高清成像，支持多倍光学变焦及数字变焦，三轴云台增

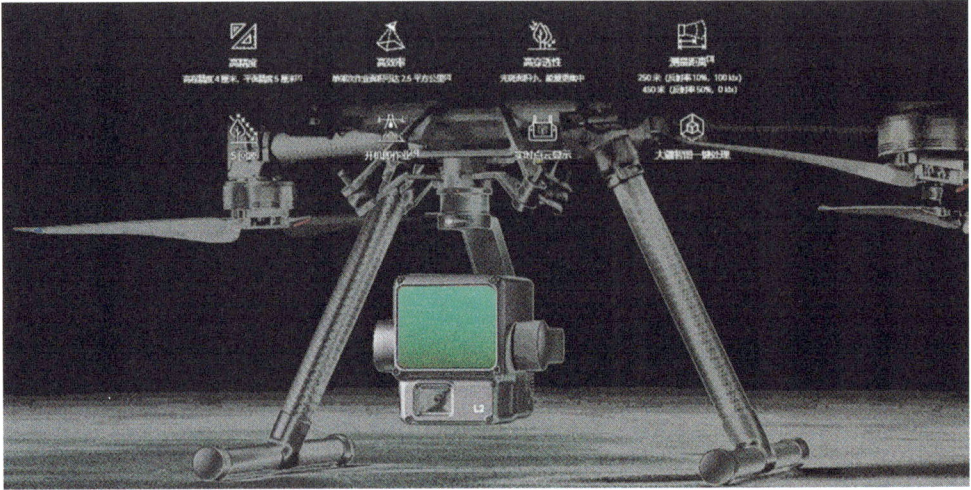

图 2-27　大疆任务载荷 L2

稳拍摄，轻松捕捉夜间环境细节，极大提升了应对夜间复杂场景的作业能力。广州优飞设备夜视载荷如图 2-28 所示。

图 2-28　优飞设备夜视载荷

夜视载荷由镜头、微光像增强器、CCD/CMOS 传感器、图像处理单元、显示模块等组成，其中微光像增强器是一种基于光电倍增管的装置。

当微弱的自然光由目标表面反射进入微光夜视摄像机时，在镜头作用下聚焦在像增强器的光阴极面，激发出光电子，光电子在像增强器内部的电子光学系统作用下被加速，以极高的速度轰击像增强器，并激发出足够强的光电子，CCD/CMOS 传感器将光信号转换成电信号，再经图像处理单元处理后在显示模块显示出图像，从而将微弱的自然光放大成可肉眼观察的可见光图像。

2.3.6 无人机夜视与红外载荷

无人机夜视与红外载荷是在夜视载荷的基础上增加红外模式，大疆任务载荷 H30T 如图 2-29 所示。夜视与红外载荷镜头里面有一个红外光的滤光片，可见光模式的时候会加上滤光片，红外光无法传入 CMOS 传感器，这时候的图传就是正常的色彩。红外模式的时候就会把红外滤光片去掉，被测物所发出的红外辐射，由载荷镜头进入 CMOS 传感器，其红外辐射的强度和波长与物体表面的温度有关，并将其转换为电信号，然后根据这些电信号计算出物体表面的温度，以此形成红外图传。

无人机夜视与红外载荷可应用于涉及跨越铁路、高速等重要交叉跨越的关键重要线路。由于铁路、高速等日间车流量过大，无人机作业存在较大风险，可在夜间铁路停运、高速车流量减少时应用此载荷进行精细化、红外测温等机巡作业。

图 2-29　大疆任务载荷 H30T

2.3.7 无人机 X 光检测载荷

无人机 X 光检测载荷，可实现在不停电情况下完成对架空输电线路耐张线夹、接续管等的 X 射线检测，高效排查电力线路隐患。主流可实际应用的设备采用 X 光射线机和成像板分离式作业方式，以大疆经纬 M300/350RTK 飞行平台为载体，实现成像板快速挂线，通过激光测距模块和舵机实时调整 X 光拍摄距离和角度，一键拍照生成射线影像，拍照结果实时返回地面端，地面作业人员可现场分析金具压接质量，及时发现线路设备外观检查发现不了的设备内部隐患。通过无人机搭载 X 光设备进行线路带电检测，可有效代替传统人工登塔检测作业，大幅降低人员作业风险，提高电力线路隐患排查的效率和质量。现有技术已能实现 110~750kV 单分裂、双分裂、四分裂架空输电线路的带电检测，中国南方电网有限责任公司已在广东电网有限责任公司、南网超高压公司、国网四川省电力公司等多家单位开展测试应用，应用效果良好。X 光检测载荷模型图如图 2-30 所示。X 光检测 500kV 四分裂线路带电现场检测图如图 2-31 所示，X 光检测 220kV 双分裂线路带电现场检测图如图 2-32 所示，双无人机协同 X 光检测 220kV 双分裂线路带电现场检测图如图 2-33 所示，X 光检测 220kV 双分裂线路带电现场检测图如图 2-34 所示。

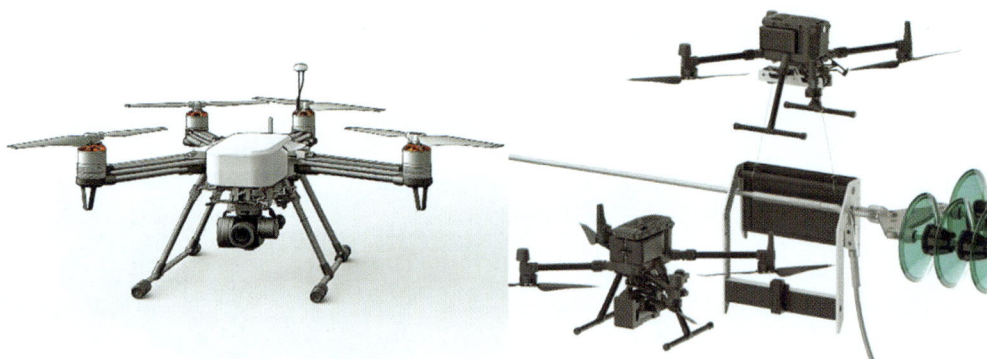

（a）X光检测发射载荷模型图 　　　　　（b）X光检测成像直挂载荷模型图

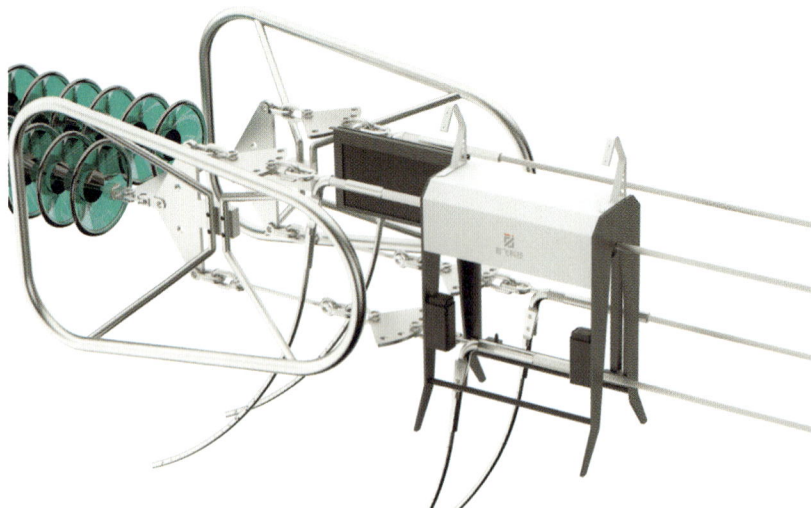

（c）X光检测成像机器人载荷模型图

图 2-30　X 光检测载荷模型图

图 2-31　X 光检测 500kV 四分裂线路带电现场检测图

图 2-32　X 光检测 220kV 双分裂线路带电现场检测图

图 2-33　双无人机协同 X 光检测 220kV 双分裂线路带电现场检测图

图 2-34　X 光检测 220kV 线路单导线大跨越段带电现场检测图

2.3.8　无人机紫外局部放电检测载荷

无人机机载紫外成像仪设备主要由精密航空云台和紫外成像仪负载设备组成，可通过高精密的专用云台快速对接 M300RTK 等主流无人机。紫外成像仪主要是借助于一套精密且独特的光学系统，来达成对可见光和紫外光的有效分光。通过其中的可见光通道，能够精准地获取到清晰的背景图像，而其内部所配备的紫外探测器采用高灵敏度的紫外光敏元件，能够极其敏锐地探测到紫外光子，并可以将这些紫外光子转换为相应的电信号。然后，经过一系列信号处理过程，使得原本的电子图像能够转变为人眼所能清晰看到的光学图像，最终在显示器上生成可见光—紫外组合图像。无人机紫外检测任务载荷如图 2-35 所示。

（a）紫外局放检测载荷　　　　　　　　（b）无人机搭载紫外局放检测载荷

图 2-35　无人机紫外检测任务载荷

在实际的诸多应用场景中，先进的紫外成像技术都发挥着不可或缺的关键作用，特别是在电力行业。它能极为精确地检测到高压设备上诸如电晕放电等各类异常状况，为电力系统的安全稳定运行提供可靠保障。例如对高压输电线进行检测时，紫外成像仪凭借自身性能，可清晰明确地呈现出电晕放电的具体位置和强度情况，这对确保电网安全、稳定和高效运行极其重要。

2.3.9　无人机超声波声纹检测载荷

无人机机载声纹相机，支持超声波频段。仪器利用麦克风阵列波束形成技术获取声源分布数据，并配合高清摄像头实时采集视频画面，通过将声源分布数据同视频图像进行声像融合，把变化的声源动态地呈现在无人机遥控器显示屏上。无人机超声波声纹检测任务载荷如图 2-36 所示。

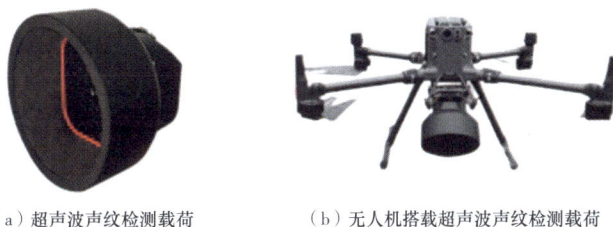

（a）超声波声纹检测载荷　　　　（b）无人机搭载超声波声纹检测载荷

图 2-36　无人机超声波声纹检测任务载荷

无人机声纹相机有 2 轴电动云台，可以控制声纹相机的俯仰角和航向角，通过无人机遥控器控制声纹相机的检测方向。能够在嘈杂的工业现场快速地检测出可能的带压气体泄漏。应用于电力系统中，可以排查潜在的局部放电故障点。

无人机声纹相机通常拆装方便。支持拍照模式、视频模式、作业现场数据灵活记录。支持大容量 TF 数据存储卡，测试结果快速导出、上报。

2.3.10　无人机憎水性检测载荷

多旋翼无人机绝缘子憎水性检测是应用多旋翼无人机挂载喷水装置对架空输电线路复合绝缘子串憎水性程度进行检测。在无人机性能及作业技术不断提升的情况下，对无人机加装憎水性检测载荷进行复合绝缘子串的憎水实验，提升憎水实验效率。憎水性检测载荷如图 2-37 所示。

图 2-37 憎水性检测载荷

2.3.11 无人机振动检测载荷

无人机激光多普勒测振技术是将无人机平台与激光多普勒测振技术相结合的一种先进测量手段。这种技术利用无人机的高空飞行能力和激光多普勒测振技术的高精度非接触式测量能力，实现对地面或空中目标物体的振动测量。在输电线路应用上，可定期检测导地线悬垂点、挂点金具处的振动情况，检验防振设施设置是否合理，防止因振动引起的导地线疲劳损伤断线事故。无人机振动检测载荷如图 2-38 所示。

（a）振动检测载荷   （b）无人机搭载振动检测载荷

图 2-38 无人机振动检测载荷

2.3.12 无人机多光谱检测载荷

绝缘子状态稳定是输电线路安全运行的重要保障，外绝缘污秽闪络问题是电力系统常见的安全隐患之一。现有检测通过人工布点设置等值模拟等值盐密（ESDD）和等值灰密（NSDD）的测量点，定期采样检测，或者通过停电选点在运行串上进行不定期采样检测，效率低且无法判断每一基杆塔绝缘子的污秽等级情况。金具、导地线状态稳定也是输电线路安全运行的重要保障。由于输电线路很多靠近化学污染源、海岸线等地方，金具、导地线腐蚀速度较快，导致无法工作至设计年限，给电网安全运行带来了极大的风险。现有抽样送检手段效率低且无法大面积开展。

为改变上述情况，架空输电线路需采取新的手段对绝缘子串的污秽等级、金具锈蚀、导线腐蚀进行周期性检测，无人机搭载多光谱巡检载荷，对运行状态下的绝缘子串、金具、导地线进行多光谱拍摄取样，取样后通过构建包含不同级别污秽等级的大规模数据集，结合深度学习算法，对现场绝缘子串的污秽等级、金具锈蚀程度、导地线腐蚀程度进行高精度识别及定性检测。大疆经纬 M300 五通道多光谱检测载荷如图 2-39 所示，大疆 Mavic 3M 四通道多光谱无人机如图 2-40 所示。

（a）多光谱检测载荷　　　　　　　（b）无人机搭载多光谱检测载荷

图 2-39　大疆经纬 M300 五通道多光谱检测载荷

图 2-40　大疆 Mavic 3M 四通道多光谱无人机

2.3.13　无人机高光谱载荷

多光谱载荷只能收集个位数光谱带，高光谱载荷能够收集数百甚至数千个连续的光谱带，每个光谱带宽度可达几纳米，使得高光谱遥感能够识别和区分光谱特性相似物质，识别效果更为细致，甚至能定量预测污秽物组成成分，以及锈蚀物、腐蚀物氧化结晶成分。高光谱数据通常需要更复杂处理方法，包括光谱解混、特征提取等，以利用其丰富的光谱信息，难度门槛较高，南方电网在此方面已取得了一定的研发突破。无人机高光谱检测任务载荷如图 2-41 所示。

（a）高光谱载荷　　　　　　　　（b）无人机搭载高光谱载荷

图 2-41　无人机高光谱检测任务载荷

2.3.14　无人机微气象检测载荷

无人机微气象检测载荷通过综合利用无人机的 IMU 模块和微气象传感器对飞行姿态信息和输电线路微气象环境数据进行高效采集，实时采集风速、风向、局部温度、湿度、PM2.5、盐度、光照度、气压等精确的气象参数。通过对输电线路走廊微气象环境数据采集检测，构建输电通道环境微气象数字孪生数据。无人机微气象检测载荷和无人机微气象检测载荷安装示意图如图 2-42、图 2-43 所示。

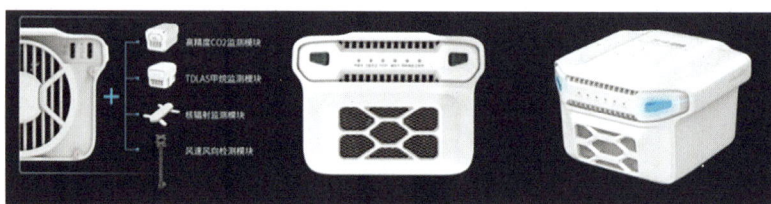

图 2-42　无人机微气象检测载荷

图 2-43　无人机微气象检测载荷安装示意图

2.3.15　无人机验电载荷

无人机验电荷载采用非接触式验电和接触式验电相结合，集成声光报警器，对待测导线不同状态进行 LED 灯光警示与声音告警，地面人员通过移动 App 查看验电状态和数据。验电后采用无人机接地荷载逐相接地，智能化程度高、效率高、安全性高、易推广性强、作业成本低。无人机验电任务载荷如图 2-44 所示。

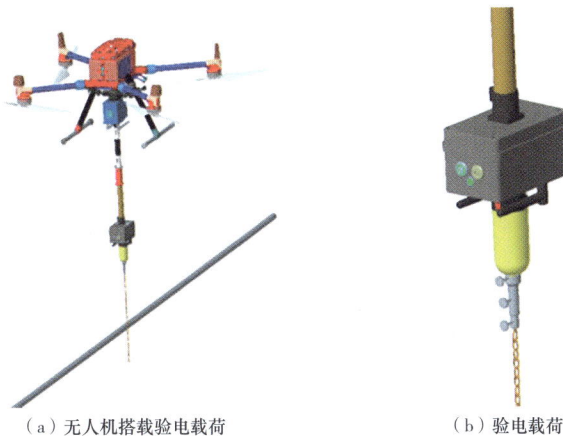

（a）无人机搭载验电载荷　　　　　　（b）验电载荷

图 2-44　无人机验电任务载荷

2.3.16　无人机接地载荷

无人机智能挂取接地线作业是指无人机挂载接地载荷装拆装置，对架空输电线路进行接地线的精准挂取操作，无须作业人员登塔，验电与装拆接地线全过程在地面完成。实现快速、安全、精准的接地线挂取作业，有效提高了工作效率，减少了人工操作的风险和成本。无人机接地载荷如图 2-45 所示。

2.3.17　无人机临时防坠装置安装作业载荷

无人机临时防坠装置安装作业荷载由无人机搭载防坠装置到达塔顶作业最高点进行固定，利用连杆自锁结构建立防坠固定点，代替人工攀爬挂装，解决首位登塔人员缺少防坠工具的现状，避免人员坠落风险，降低作业安全措施成本，应用场景广。无人机临时防坠装置安装作业任务载荷如图 2-46 所示。

图 2-45　无人机接地载荷

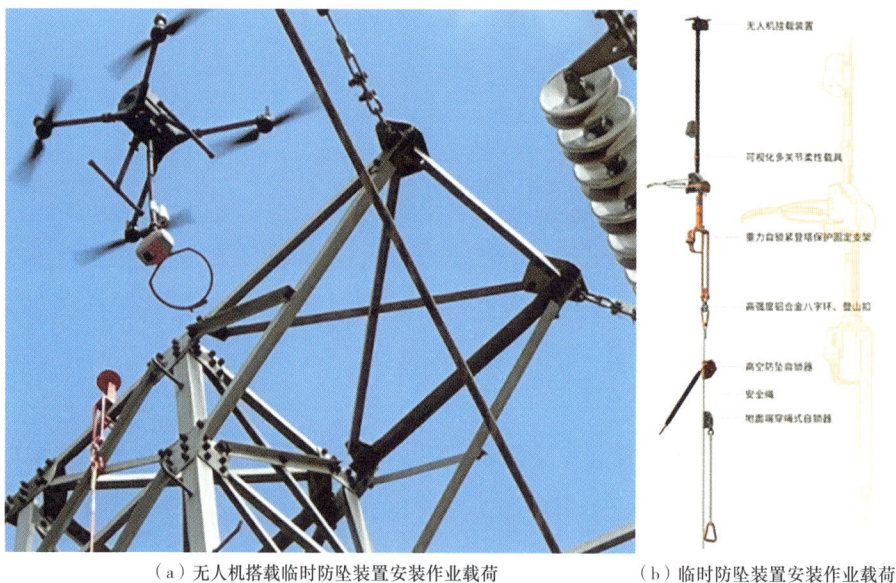

（a）无人机搭载临时防坠装置安装作业载荷　　　（b）临时防坠装置安装作业载荷

图 2-46　无人机临时防坠装置安装作业任务载荷

2.3.18　无人机水冲洗载荷

　　无人机水冲洗作业是利用无人机搭载水冲洗装置，以无人机冲洗绝缘子作业模式，实现停电或不停电状态下高效、安全、全面地完成对电力绝缘子冲洗。该技术可用于架空线路维护、应急响应等场景，有效提高输电线路的安全维护效率。M300 无人机、FC30 无人机水冲洗任务载荷如图 2-47、图 2-48 所示。

（a）水冲洗载荷　　　　　　　　　（b）M300无人机搭载水冲洗载荷

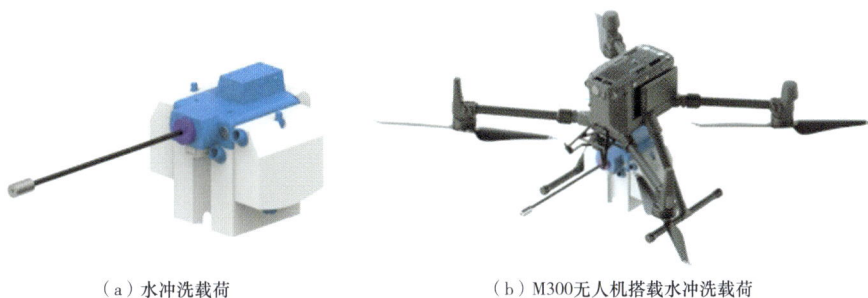

图 2-47　M300 无人机水冲洗任务载荷

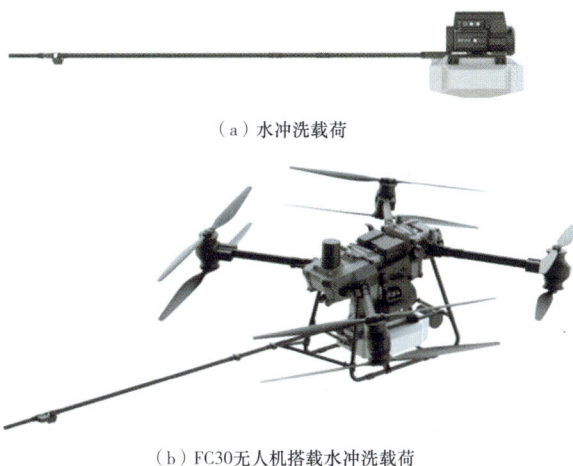

（a）水冲洗载荷

（b）FC30无人机搭载水冲洗载荷

图 2-48　FC30 无人机水冲洗任务载荷

2.3.19　无人机导地线临时修补载荷

导地线的破损、断股是高压输电线路常见的缺陷，作业人员一般采用软梯进行导线修补，活动范围小，移动不便，导致修补导线困难。断股修补载荷替代人工出线，利用无人机和自动控制技术替代人工出线，具备修补和修复两种载荷可选。可解决人工导地线修补困难、工作效率低、工作强度大、安装可靠性低等问题。无人机搭载导地线临时修补载荷如图 2-49 所示。

2.3.20　无人机运输作业载荷

无人机运输作业载荷是无人机技术在物流配送和物资运输领域的一个重要应用。该技术在电力行业可用于应急情况下或者交通不便情况下的医疗用品、食品、塔材、

图 2-49　无人机搭载导地线临时修补载荷

图 2-50　运输作业载荷

金具、工器具等物品快速运输。运输作业载荷如图 2-50 所示。

2.3.21　无人机喷药载荷

　　无人机喷药在输配电领域，一般用于对塔身的藤蔓喷洒环保除草剂进行除藤、对杆塔上的马蜂巢穴喷洒药剂进行灭杀和对塔上鸟类活动筑巢地点进行喷洒长效驱鸟剂驱离鸟类，减少人工登塔作业的风险。M300 无人机、御三无人机喷药任务载荷如图 2-51、图 2-52 所示。

2.3.22　无人机激光清障载荷

　　无人机激光清障装置是电力系统运维技术中的一项创新应用，主要用于清除输电

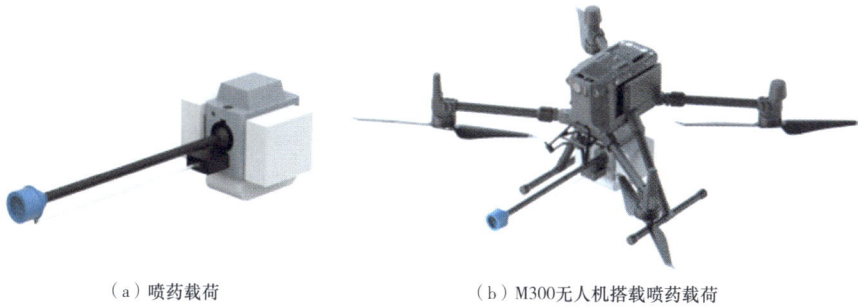

（a）喷药载荷　　　　　　（b）M300无人机搭载喷药载荷

图 2-51　M300 无人机喷药任务载荷

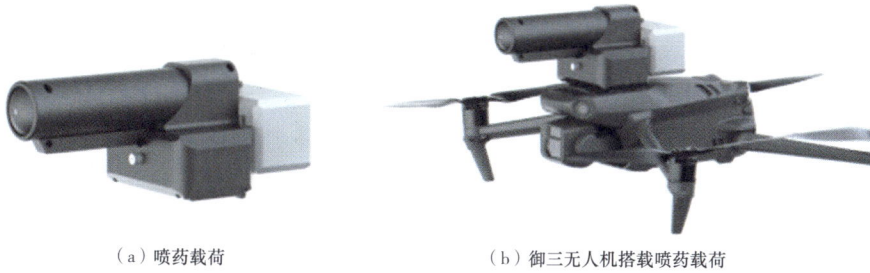

（a）喷药载荷　　　　　　（b）御三无人机搭载喷药载荷

图 2-52　御三无人机喷药任务载荷

线路中悬挂的异物，如风筝、塑料袋、树枝、鸟巢等，这些异物可能影响电力传输的稳定性和安全性。该装置结合了无人机的灵活性和激光的精准切割能力，能够在不中断供电的情况下高效完成清障任务，显著提高作业的安全性和效率。M300 无人机激光清障任务载荷如图 2-53 所示。

（a）激光清障载荷　　　　　　（b）M300无人机搭载激光清障载荷

图 2-53　M300 无人机激光清障任务载荷

2.3.23　无人机塑料类飘挂物清障载荷

塑料类飘挂物清障载荷是电网运维技术中的一项创新应用，主要用于清除输电线路中悬挂的塑料类异物，这些异物可能影响电力传输的稳定性和安全性，相对于无人机喷火清障和无人机激光清障，此方式没有点燃异物而产生的火灾风险。该装置结合了无人机的灵活性和塑料溶剂的超高效溶解能力，能够在不中断供电的情况下高效完成清障任务，显著提高了作业的安全性和效率。M300 塑料类飘挂物清障载荷如图 2-54 所示。

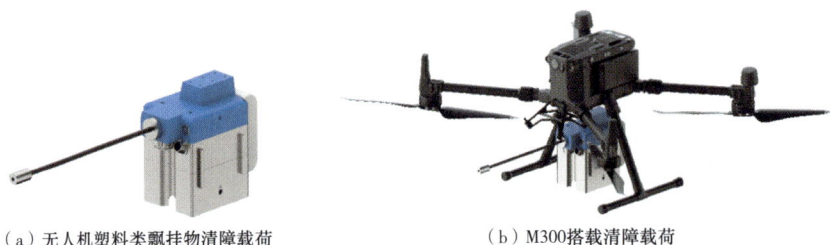

（a）无人机塑料类飘挂物清障载荷　　　　　（b）M300搭载清障载荷

图 2-54　M300 塑料类飘挂物清障载荷

2.3.24　其他载荷

其他载荷是在电力场景中应用规模较小的任务载荷设备，它们在公共安全、执法巡逻、搜索救援等多种应用场景中发挥着重要作用。

1. 无人机喊话载荷

无人机喊话载荷是一种集成高功率扬声器的设备，通常安装在无人机下方，通过无线通信技术与地面控制站相连。其主要功能是在紧急情况下或需要远距离沟通时，向地面人群广播信息。大疆御三喊话载荷如图 2-55 所示。大疆经纬 M300 喊话载荷如图 2-56 所示。

2. 无人机照明载荷

无人机照明载荷是一种提供高强度照明的设备，常用于夜间或光线不足环境下的作业。它能够为无人机前方或者下方的区域提供足够的光线，以便于执行搜索救援、夜间巡逻、事故现场照明等任务。大疆御三照明载荷如图 2-57 所示。大疆经纬 M300 照明载荷如图 2-58 所示。

（a）无人机喊话载荷　　　　　　　　（b）大疆御三搭载喊话载荷

图 2-55　大疆御三喊话载荷

（a）无人机喊话载荷　　　　　　　　（b）大疆经纬M300搭载喊话载荷

图 2-56　大疆经纬 M300 喊话载荷

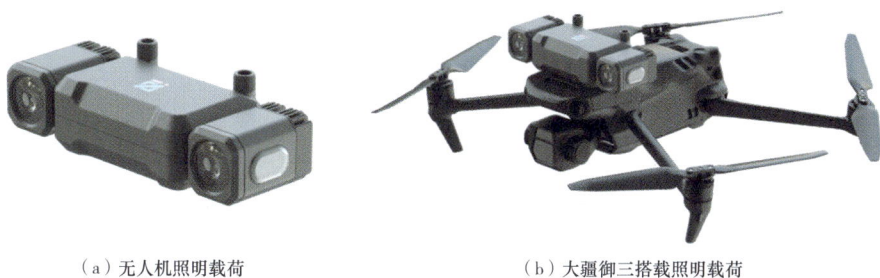

（a）无人机照明载荷　　　　　　　　（b）大疆御三搭载照明载荷

图 2-57　大疆御三照明载荷

3. 无人机多气体检测载荷

无人机多气体检测载荷是一种检测、监测空气污染物的载荷，可检测 PM2.5、PM10 等大气环境监测值，以及检测 SO_2、CO、NO_2、CH_4、CO_2 等气体，常用于环境保护监测、应急救援监测等任务。大疆经纬 M300 多气体检测载荷如图 2-59 所示。

4. 无人机投掷器载荷

无人机投掷器载荷是一款基于大疆 PSDK 开发的多功能空投装置，集成全功能相机和多组不限顺序的空投挂钩的投抛装置，常用于应急救援、山地施工运输食品物资等。

（a）无人机照明载荷　　　　　　　（b）大疆经纬M300搭载照明载荷

图 2-58　大疆经纬 M300 照明载荷

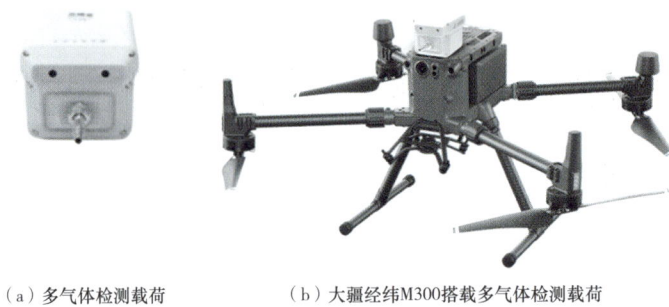

（a）多气体检测载荷　　　　　　　（b）大疆经纬M300搭载多气体检测载荷

图 2-59　大疆经纬 M300 多气体检测载荷

大疆经纬 M300 可视四挂钩抛投器载荷如图 2-60 所示。

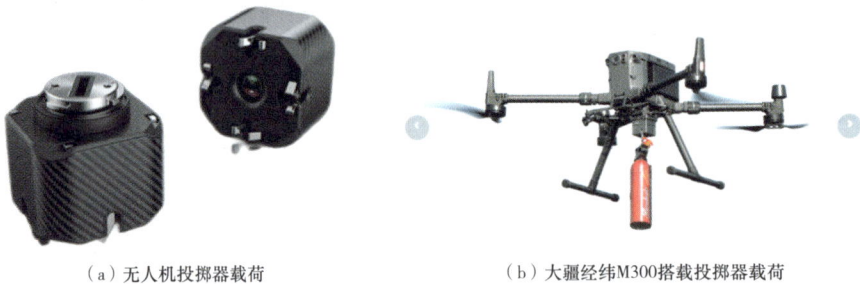

（a）无人机投掷器载荷　　　　　　　（b）大疆经纬M300搭载投掷器载荷

图 2-60　大疆经纬 M300 可视四挂钩投掷器载荷

5. 无人机移动通信网络图传载荷

无人机移动通信网络图传载荷，是安装在无人机上，让飞行器接入移动通信网络，与联网的遥控器配合使用时，即可实现移动通信网络增强图传和移动通信网络备份链路连接的载荷。作用是飞行器与遥控器图传链路连接时提供增强图传，无人机自己的图传链路断开时移动通信网络链路依然可以独立工作，以轻松应对各类复杂环境，使

飞行更安全。大疆经纬 M350 RTK 4G 图传载荷如图 2-61 所示。大疆经纬 M30 RTK 4G
图传载荷如图 2-62 所示。

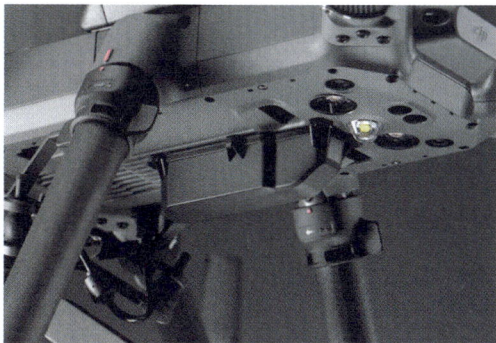

图 2-61　大疆经纬 M350 RTK 4G 图传载荷　　　　图 2-62　大疆经纬 M30 RTK 4G 图传载荷

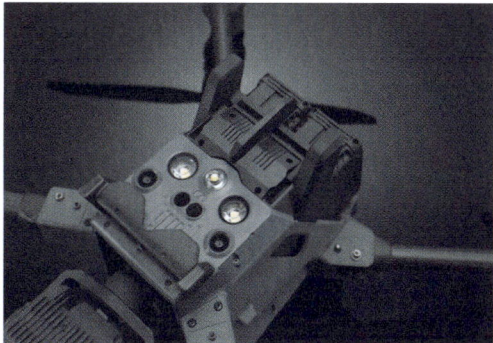

6. 无人机毫米波雷达载荷

无人机毫米波雷达载荷，是一种使用毫米波频段（30~300GHz，波长 1~10mm）
进行探测和测量的雷达传感器，它结合了微波雷达和光电雷达的优点，毫米波雷达技
术具有高精度和高分辨率的特性。安装在无人机上，能精确检测无人机周边的导线等
微小障碍物进行避障，或者在光线不足下代替视觉避障实现精确避障，也能检测地表
物实现精确仿地飞行，进一步保障飞行安全的载荷。大疆经纬 M350 环扫毫米波雷达载
荷如图 2-63 所示。

（a）无人机环扫毫米波雷达载荷　　　　　（b）大疆经纬M300搭载环扫毫米波雷达载荷

图 2-63　大疆经纬 M350 环扫毫米波雷达载荷

7. 无人机算力载荷

（1）无人机遥控器算力载荷。

无人机遥控器算力荷载是一款集算力算法于一体的无人机图像增强处理模块，挂

载于无人机遥控器上，可提供额外算力和特种算法以满足无人机巡检的各类应用场景。如北京御航智能科技公司 AX 算力产品，利用遥控器端算力载荷结合无人机控制接口，可在遥控器端实现目标实时检测、图像精准抓拍、视觉引导飞行等 AI 应用功能，可以应用于输变配等多业务场景下对设备精准抓拍功能具体应用如导地线精细化自动巡视。又如中国南方电网有限责任公司研发的无人机杆塔倾斜测量计算棒，利用遥控器端算力荷载结合无人机控制接口实现单目视觉测距识别、杆塔位置智能定位识别、杆塔倾斜测量智能识别等 AI 应用功能。北京御航无人机遥控器算力载荷如图 2-64 所示。

（a）无人机控制接口　　　　（b）无人机遥控器端

图 2-64　北京御航无人机遥控器算力载荷

（2）无人机机载算力载荷。

无人机机载算力荷载是一款安装在无人机上，基于高算力、低功耗 AI 处理芯片打造的机载边缘计算产品，是无人机智慧大脑。如北京御航智能科技有限公司 A100 边缘计算产品将无人机、4/5G 与机载算力荷载结合在一起，将前端收集和分析的数据通过 4G/5G 网联系统，实时传输至云平台，并与平台进行数据交互，实现远程操控无人机，在线自动识别目标，自动控制相机居中对准，以及根据环境智能调整焦环后精准拍摄目标。北京御航无人机机载算力载荷如图 2-65 所示。

（3）无人机自动机场算力载荷。

无人机机场算力荷载是一款部署于机场端的算力模块，可以为无人机自动机场提供额外算力资源，进行边缘端智能识别算法部署，通过接入机场和无人机的实时视频流，进行前端实时识别。如北京御航智能科技有限公司的 A200 边缘计算盒产品，在机场算力荷载中融合识别算法对巡检获得图片进行边端缺陷识别，融合图像处理算法对

（a）御视A100机载边缘智能终端　　　　　（b）御视A100搭载在无人机上

图 2-65　北京御航无人机机载算力载荷

巡检图片进行压缩减少数据传输量，为无人机自动机场赋能，实现无人机智慧巡检。北京御航自动机场算力载荷如图 2-66 所示。

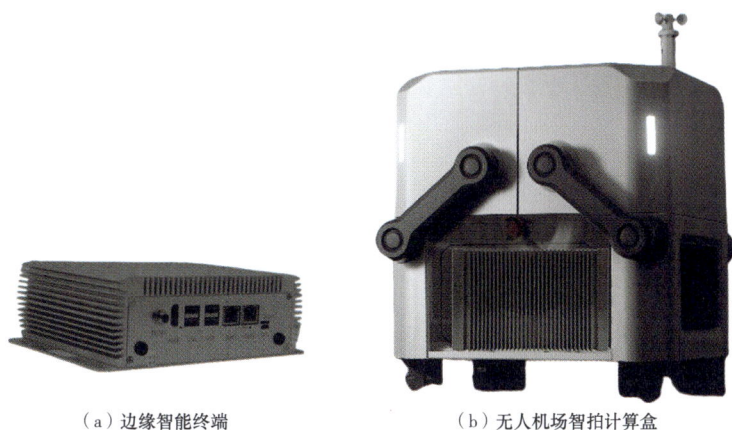

（a）边缘智能终端　　　　　　　（b）无人机场智拍计算盒

图 2-66　北京御航自动机场算力载荷

2.4　作业任务机型与载荷搭配

在电力系统中，输变配电设备巡检是确保电网安全稳定运行的关键环节。无人机等智能装备已经成为提高巡检效率、减少人力成本、增强作业安全的重要手段。不同的作业任务对无人机机型和搭载载荷（如相机、传感器、检测设备等）有着特定的要求，合理搭配两者具有重要意义。

2.4.1 无人机可见光通道巡视作业

无人机可见光通道巡视作业是指对架空输电线路通道走廊进行可见光数据的采集，目的在于及时发现线行通道中的地质、植被、交叉跨越物、建（构）筑物、施工作业变化等安全隐患。主要使用轻型多旋翼无人机进行作业，主流应用机型为大疆御 3 双光无人机、大疆御 2 双光无人机、大疆精灵 4 无人机等。可见光通道巡视机型与荷载如图 2-67 所示。

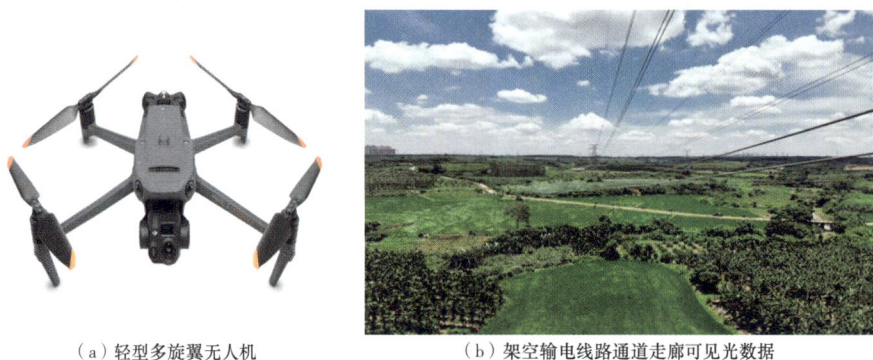

（a）轻型多旋翼无人机　　　　　（b）架空输电线路通道走廊可见光数据

图 2-67　可见光通道巡视机型与荷载

2.4.2 无人机精细化巡视（双光）作业

精细化巡视（双光）作业是指同时对输变配设备本体、附属设施外观及关键连接部件进行可见光、红外光数据采集，目的是发现设备本体、附属设施的缺陷、隐患。主流应用机型为大疆御 3 行业版双光无人机（见图 2-68），大疆 M30 行业版双光无人机（见图 2-69）。

图 2-68　大疆御 3 行业版

图 2-69　大疆 M30 行业版

2.4.3　无人机倾斜摄影建模巡视作业

　　倾斜摄影建模巡视作业主要是对输变配设备及其周围环境从不同角度拍摄高清可见光影像数据，通过算法将采集的可见光数据解算生成设备及其周围环境的三维模型。目前可使用包括但不限于两类机型及载荷搭配：一类是大疆御 3 双光无人机，另一类是使用大疆 M300、M350 搭载禅思 H30 系列镜头或禅思 P1 单镜头。大疆经纬 M300 搭载 P1 如图 2-70 所示。

图 2-70　大疆经纬 M300 搭载 P1

2.4.4　无人机激光雷达建模巡视作业

　　无人机激光建模巡视作业是无人机搭载小型激光雷达对输变配设备及周围附属设施进行高精度点云采集，可准确地计算出每个激光点的三维坐标（X、Y、Z），进而得

到目标物的三维激光点云数据。目前可使用包括但不限于以下两类机型及载荷：一类
是多旋翼无人机 M300、M350 搭载大疆 L2/L1 小型激光雷达或搭载绿土 LiAirX3C/LiAir
X4 等激光雷达载荷；另一类是固定翼无人机 CW-10 搭载 riegl 的 VUX-1LR 型号激光
雷达。M300 搭载 LiAir X4 如图 2-71 所示。

图 2-71　M300 搭载 LiAir X4

2.4.5　无人机多维建模作业

无人机多维建模作业是指无人机挂载激光雷达、可见光镜头，对输电线路通道环
境进行巡视，同时采集激光雷达数据和可见光照片，对采集后的数据进行解算，输出
二维正射影像、真彩点云模型、实景模型，实现一次通道巡视，生成三种模型的作业
方式。作业一般采用经纬 M300 无人机搭载 L2 镜头。M350 搭载 L2 如图 2-72 所示。

图 2-72　M350 搭载 L2

2.4.6　无人机多光谱建模巡视作业

无人机多光谱建模巡视作业是指用无人机平台搭载多光谱相机或传感器捕获地物在不同光谱波段下的反射和辐射信息，进而形成多光谱图像的作业。目前可使用包括但不限于以下两类搭配方式：一类是大疆御 3 多光谱版（见图 2-73）；另一类是大疆经纬 M300、M350 型无人机搭载 MS600 PRO 多光谱相机，如图 2-74 所示。

图 2-73　大疆御 3 多光谱版

图 2-74　M300 搭载 MS600

2.4.7　无人机机巡验收作业

无人机机巡验收作业是指利用多旋翼无人机飞行机动性强和可搭载多种先进载荷的优势，完成电力设备基建施工、大修技改等工程的验收工作。可利用高清相机对输变配设备等进行全方位高清数码摄影，也可利用红外载荷在送电后对复合绝缘子、引流板、耐张线夹连接处、接续管和补修管等进行红外测温检测，或利用激光雷达载荷对设备、线路通道等进行点云数据采集，从而分析设备施工工艺、设备电气间隙距离和导线与树木、建筑物、交叉跨越物的安全距离等。目前可使用包括但不限于以下两类搭配方式：一类是大疆御 3 系列无人机；另一类是大疆 M350 无人机搭载禅思 H30T、L2 镜头。M300 搭载 L2 如图 2-75 所示，H30 镜头如图 2-76 所示。

图 2-75　M300 搭载 L2

图 2-76　H30 镜头

2.4.8　无人机检测与维护检修作业

无人机检测与维护检修工作指利用无人机开展憎水性检测、X 光检测、喷火除异物、挂接地线、绝缘子带电水冲洗等一系列工作，一般以载荷的重量作为选择作业任务机型与载荷搭配依据。3kg 以下载荷一般选择 M300、M350 等小型无人机；3kg 以上载荷一般选择 FC30 等中型无人机，中型无人机搭配带电水冲洗载荷如图 2-77 所示。

图 2-77　中型无人机搭配带电水冲洗载荷

2.5　配置标准

为规范和指导无人机及其他智能装备在电力设施巡检中的应用，确保作业的安全性、高效性和准确性，制定输电、变电、配电的智能巡视装备配置标准。无人巡视智能装备配置标准的制定对于电力企业的现代化管理、生产效率的提升及持续的技术创新都具有深远的意义。

2.5.1　输电专业配置标准

根据各单位现阶段主网机巡业务开展需求，主网机巡装备配置一般按照以下进行配置。制订主网智能作业班工器具配置标准，如表 2-1 所示。

表 2-1　　　　　　　　　　　主网智能作业班工器具配置标准

序号	类别	工具名称	数量配置标准	技术参数标准	配置方式	备注
1	用电设备类	双光高精度定位轻型多旋翼无人机	非禁飞区线路，每条线路每个地市级运维单位配置 1 架，单个地市级运维单位运维长度超过 50km 时按 1 架/50km 配置	每架无人机配齐双光云台相机、128G 及以上储存卡、监视器、电池 8 个、背包、充电器、移动通信网络图传模块、其他组件	专业配置	主网智能作业班
2	用电设备类	双光高精度定位小型多旋翼无人机	1 架/800km 线路配置原则，分局按每分局增加 1 架原则配置	每架无人机配齐双光云台相机、128G 及以上储存卡、监视器、电池 8 组、背包、充电器、移动通信网络图传模块、其他组件	专业配置	主网智能作业班
3	用电设备类	激光雷达载荷	1 套/500km 线路配置原则，分局、工作站按每分局、工作站各增加 1 套原则配置（含配套点云处理与分析软件、数据处理工作站）	测距 ≥ 100m（60% 反射率）；每秒激光点数 ≥20 万点；精度 ≤0.1m	专业配置	主网智能作业班
4	生产测试设备类	风速仪	3 个/班	数字显示	专业配置	主网智能作业班
5	用电设备类	特种作业载荷	喷水载荷 1 套/1000km 线路配置原则，分局、工作站按每分局、工作站各增加 1 套配置；喷火 1 套/2000km 线路配置，分局按每分局增加 1 套配置；夜视载荷 1 套/1000km 线路配置，分局按每分局增加 1 套配置；在小型无人机载荷无法满足实际需求的特殊前提下，红外、可见光、倾斜摄影建模等载荷可另外配置	成套设备	专业配置	主网智能作业班

续表

序号	类别	工具名称	数量配置标准	技术参数标准	配置方式	备注
6	生产用电设备类	台式工作站	2台/班	硬盘：固态硬盘1T，机械硬盘8TB或以上；内存：64GB或以上；CPU：3.7GHz或以上、八核、i7；USB接口：USB3.0端口六个或以上；操作系统：Win 10或以上，显卡：独立显卡，显存容量：8GB（可升级），配备扩展插槽，配备液晶高清显示屏	专业配置	主网智能作业班
7	生产用电设备类	移动工作站	2台/班	硬盘：固态硬盘1T，机械硬盘4TB或以上；内存：64GB或以上；CPU：3.7GHz或以上、八核、i7；USB接口：USB3.0端口1个或以上；操作系统：Win 10或以上；显卡：独立显卡，显存容量：8GB（可升级）	专业配置	主网智能作业班
8	用电设备类	便携式锂电池储存箱	6个/班	铁质，内衬材质符合防撞、防爆、防潮等要求	专业配置	主网智能作业班

续表

序号	类别	工具名称	数量配置标准	技术参数标准	配置方式	备注
9	用电设备类	无人机定位追踪器	每1台无人机配置1套	1）应具备采集经纬度、高程等数据的功能； 2）应具备独立电池、通信及定位系统； 3）应具备相关平台查看定位器信息功能； 4）应具备飞行数据统计功能	专业配置	主网智能作业班
10	用电设备类	智能充电柜	1个/班	配置常用型号电池组合充电模块	专业配置	主网智能作业班
11	用电设备类	便携智能充电箱	2个/班	配置常用型号电池组合充电模块	专业配置	主网智能作业班
12	用电设备类	无人机机场	密集输电通道可配置	包含自动机场、无人机、监控器	专业配置	技改资金充裕的供电局视实际需求选配；智能作业班配置
13	用电设备类	星基RTK移动地面基站（带广播功能）	1台/班	1）应具备采集经纬度、高程等数据的功能； 2）应具备独立电池、通信及定位系统； 3）应具备相关平台查看定位器信息功能； 4）应具备飞行数据统计功能；	专业配置	辖区可机巡线路存在无RTK信号覆盖区域

续表

序号	类别	工具名称	数量配置标准	技术参数标准	配置方式	备注
13	用电设备类	星基 RTK 移动地面基站（带广播功能）	1 台/班	5）应具备设备状态（电量、定位）显示功能； 6）定位精度<0.5m； 7）刷新频率<5s； 8）尺寸≤80mm（L）×40mm（W）×30mm（H）； 9）持续工作时间≥7h	专业配置	辖区可机巡线路存在无 RTK 信号覆盖区域
14	用电设备类	手持、背包或地基激光雷达	禁飞区线路区段，每个地市级运维单位宜配置 1 套，禁飞区线路长度超过 30km 时按 1 套/30km 配置（含配套点云处理软件）。地基激光雷达作业效率低设备成本高，不宜多配	包含激光雷达装置、电池 2 块、512G U 盘、基站、GPS 天线	专业配置	辖区存在禁飞区线路或需要电缆线路通道三维建模，技改资金充裕的供电局可以视实际需求选配；智能作业班配置视实际需求选配
15	用电设备类	激光清障仪	按照 1 套/1000km 的原则，由分局单位按每分局 1 架原则配置（含配套处理软件）	成套设备	专业配置	主网智能作业班

注　配置标准按照 10 人/班进行测算，班组应根据实际人数及业务情况，按比例确定配置数量。

2.5.2 变电专业配置标准

变电站机巡装备配置分为高配、中配和低配三个标准。具体装置的配备分 B 级和 C 级两类。

高配方案：全充电机场部署，支持省内输电、变电、配电各专业远程开展日常巡视、故障巡视、特巡特维，无须开车出门，实现通道巡检全覆盖、精细化巡检重点覆盖等业务场景应用，打造省级数字电网建设与应用示范。

中配方案：充电机场与移动机场搭配。对于设备密度、重要度较高区域，如大湾区、密集通道、深港澳核等，采用固定机场实现全覆盖；对于设备稀疏、山区较多的地市，如清远、韶关等，采用移动可随时固定的移动机场覆盖，让专职司机接送机场，后期价格下降、数量增多时，可就地固定。

低配方案：使用充电机场、或简易机场搭配 APN 卡，投资较低，施工工期较短。

中间配置标准（B 级）：在基本配置标准基础上，从事生产管理规程规范要求必须开展工作所需的较高等级的工器具。

基本配置（C 级）：从事生产管理规程规范要求必须开展的工作任务所需的基本工器具。变电管理所智能工器具配置标准（B.C 级配置）如表 2-2 所示，变电站智能装备配置标准（高配）如表 2-3 所示，变电站智能装备配置标准（中配）如表 2-4 所示，变电站智能装备配置标准（低配）如表 2-5 所示。

表 2-2　　　　　　　变电管理所智能工器具配置标准（B.C 级配置）

序号	类别	工具名称	配置标准	技术参数标准	等级	配置方式	备注
1	用电设备类	倾斜摄影建模高精度定位轻型无人机	2 架/所	每架无人机配齐倾斜摄影建模云台相机、128G 及以上储存卡、监视器、电池 8 个、背包、充电器、移动通信网络图传模块、其他组件	C	专业配置	—
2	用电设备类	双光高精度定位轻型多旋翼无人机	5 架/所	每架无人机配齐云台相机、128G 及以上储存卡、监视器、电池 8 个、背包、充电器、移动通信网络图传模块、其他组件	C	专业配置	—

续表

序号	类别	工具名称	配置标准	技术参数标准	等级	配置方式	备注
3	用电设备类	倾斜摄影建模高精度定位小型多旋翼无人机	1 架/所	每架无人机配齐倾斜摄影建模云台相机、128G 及以上储存卡、监视器、电池 8 组、背包、充电器、移动通信网络图传模块、其他组件	C	专业配置	—
4	用电设备类	激光雷达载荷	1 套/所	测距≥100m（60%反射率）；每秒激光点数≥20 万点；精度≤0.1m	C	专业配置	背包雷达和挂载雷达二选一
5	用电设备类	手持、背包或地基激光雷达	1 套/所	包含激光雷达装置、电池 2 块、512G U 盘、基站、GPS 天线	B	专业配置	
6	用电设备类	无人机定位追踪器	1 台/架	1）应具备采集经纬度、高程等数据的功能；2）应具备独立电池、通信及定位系统；3）应具备相关平台查看定位器信息功能；4）应具备飞行数据统计功能	C	专业配置	—
7	生产用电设备类	台式工作站	5 台/所	硬盘：固态硬盘 1T，机械硬盘 8TB 或以上；内存：64GB 或以上；CPU：3.7GHz 或以上、八核、i7；USB 接口：USB3.0 端口六个或以上；操作系统：WIN 10 或以上；显卡：独立显卡；显存容量：8GB（可升级），配备扩展插槽，配备液晶高清显示屏	C	专业配置	—
8	生产用电设备类	航线规划软件	2 套/所	航线规划软件永久账号	C	专业配置	—
9	生产用电设备类	建模软件	2 套/所	建模软件永久账号	C	专业配置	—

注 1. 配置标准按照 5 个巡维/所进行测算，各变电管理所应根据实际人数及业务情况，按比例确定配置数量；

2. 普通可见光多旋翼无人机/高精度定位多旋翼无人机原则上不再新增购置。

表 2-3 变电站智能装备配置标准（高配）

序号	类别	工具名称	配置标准	技术参数标准	等级	配置方式	备注
1	用电设备类	自动机场	4 套/站	包含自动机场、无人机、监控器	A	专业配置	±800、±500kV、500kV 室外变电站或换流站
2	用电设备类	自动机场	3 套/站	包含自动机场、无人机、监控器	A	专业配置	220kV 室外变电站

注 配置标准按照每座变电站进行测算，班组可根据设备数量增加机场及无人机配置，禁飞区内或其他不适用无人机巡检的变电站可不纳入配置。

表 2-4 变电站智能装备配置标准（中配）

序号	类别	工具名称	配置标准	技术参数标准	等级	配置方式	备注
1	用电设备类	自动机场	2 套/站	包含自动机场、无人机、监控器	B	专业配置	±800、±500kV、500kV 室外变电站或换流站
2	用电设备类	自动机场	2 套/站	包含自动机场、无人机、监控器	B	专业配置	220kV 室外变电站
3	用电设备类	移动机场	1 套/每 2 站（110kV 站+35kV 站）	包含机场、无人机、监控器	B	专业配置	所有珠三角城市 110kV 室外变电站+35kV 室外变电站
4	用电设备类	移动机场	1 套/每 3 站（110kV 站+35kV 站）	包含机场、无人机、监控器	B	专业配置	非珠三角城市 110kV 室外变电站+35kV 室外变电站

注 配置标准按照每座变电站进行测算，班组可根据设备数量增加机场及无人机配置，禁飞区内或其他不适用无人机巡检的变电站可不纳入配置。

表 2-5 变电站智能装备配置标准（低配）

序号	类别	工具名称	数量配置标准	技术参数标准	等级	配置方式	备注
1	用电设备类	自动机场	1 套/站	包含自动机场、无人机、监控器	C	专业配置	自动机场或简易机场不少于一套
2	用电设备类	简易机场	1 套/站	包含简易机场、监控器、机场钥匙	C	专业配置	
3	用电设备类	双光高精度定位多旋翼无人机	1 架/站，随简易机场配置	包含双光云台、128G 及以上储存卡、电池 3 个、充电器、遥控器、充电无人机支架等配件	C	专业配置	配套简易机场

注 配置标准按照每座变电站进行测算，班组可根据设备数量增加机场及无人机配置，禁飞区内或其他不适用无人机巡检的变电站可不纳入配置。

2.5.3 配电专业配置标准

机巡装备配置必须满足机巡业务高效、可靠开展，结合本单位现阶段配网机巡业务开展需求，将配网机巡装备配置分为 B 级和 C 级两个标准。

基本配置（C 级）：从事生产管理规程规范要求必须开展的工作任务所需的基本工器具。

中间配置标准（B 级）：在基本配置标准基础上，从事生产管理规程规范要求必须开展工作所需的较高等级的工器具；从事创新性、试点性工作所需的工器具。

配电网智能作业班工器具配置标准（B.C 级配置）如表 2-6 所示，中压运维班或者供电所工器具配置标准（B.C 级配置）如表 2-7 所示。

表 2-6　　　　　　　配电网智能作业班工器具配置标准（B.C 级配置）

序号	类别	工具名称	配置标准	技术参数标准	等级	配置方式	备注
1	用电设备类	可见光轻型多旋翼无人机	2 架/班	每架无人机配齐云台相机、128G 及以上储存卡、监视器、电池 8 个、背包、充电器、移动通信网络图传模块、其他组件	C	专业配置	配电网智能作业班
2	用电设备类	双光高精度定位轻型多旋翼无人机	2 架/人	每架无人机配齐双光云台相机、128G 及以上储存卡、监视器、电池 8 个、背包、充电器、移动通信网络图传模块、其他组件	C	专业配置	配电网智能作业班
3	用电设备类	双光高精度定位小型多旋翼无人机	2 架/班	每架无人机配齐双光云台相机、128G 及以上储存卡、监视器、电池 8 组、背包、充电器、其他组件	C	专业配置	配电网智能作业班
4	用电设备类	激光雷达载荷	2 个/班	测距≥100m（60% 反射率）；每秒激光点数≥20 万点；精度≤0.1m	C	专业配置	配电网智能作业班
5	生产测试设备类	风速仪	4 个/班	数字显示	C	专业配置	配电网智能作业班
6	生产用电设备类	移动终端	1 台/人	7 寸以上屏幕，带 GPS 功能	C	专业配置	配电网智能作业班

续表

序号	类别	工具名称	配置标准	技术参数标准	等级	配置方式	备注
7	生产用电设备类	移动工作站	4台/班	硬盘：2TB或以上；内存：16GB或以上；CPU：2.6GHz以上、四核、i7；USB接口：USB3.0端口三个或以上；操作系统：WIN 10或以上；显卡：独立显卡；显卡容量：2GB（可升级）	C	专业配置	配电网智能作业班
8	用电设备类	便携式锂电池储存箱	10个/班	铁质，内衬材质符合防撞、防爆、防潮等要求	C	专业配置	配电网智能作业班
9	用电设备类	位置追踪器（位置跟踪器）	16个/班	易于粘连到无人机，用于定位无人机实时位置和飞行轨迹	C	专业配置	配电网智能作业班
10	用电设备类	智能充电柜	2个/班	配置常用型号电池组合充电模块	C	专业配置	配电网智能作业班
11	生产用电设备类	地理信息采集终端	2台/班	符合技术规范要求	C	专业配置	配电网智能作业班
12	用电设备类	夜视多旋翼无人机	2架/班	每架无人机配齐传感器、相机、64G及以上储存卡、监视器、电池8个、背包、充电器、其他组件	B	专业配置	技改资金充裕的供电局可以视需求选配；智能作业班配置
13	用电设备类	星基RTK移动地面基站（带广播功能）	1台/班	1）应具备采集经纬度、高程等数据的功能； 2）应具备独立电池、通信及定位系统； 3）应具备相关平台查看定位器信息功能； 4）应具备飞行数据统计功能 5）应具备设备状态（电量、定位）显示功能；	B	专业配置	辖区可机巡线路存在无RTK覆盖

续表

序号	类别	工具名称	配置标准	技术参数标准	等级	配置方式	备注
13	用电设备类	星基 RTK 移动地面基站（带广播功能）	1 台/班	6）定位精度<5m； 7）刷新频率<5s； 8）尺寸 ≤ 80mm（L）× 40mm（W）×30mm（H）； 9）持续工作时间≥7h	B	专业配置	辖区可机巡线路存在无 RTK 覆盖
14	用电设备类	手持、背包或地基激光雷达	1 套/班	包含激光雷达装置、电池 2 块、512G U 盘、基站、GPS 天线	B	专业配置	辖区存在禁飞区线路或需要电缆线路通道三维建模，技改资金充裕的供电局可以视实际需求选配；智能作业班配置视实际需求选配

注 配置标准按照 8 人/班进行测算，班组应根据实际人数及业务情况，按比例确定配置数量。

表 2-7　　　　　中压运维班或者供电所工器具配置标准（B、C 级配置）

序号	类别	工具名称	数量配置标准	技术参数标准	等级	配置方式	备注
1	用电设备类	可见光轻型多旋翼无人机	2 架/班	每架无人机配齐云台相机、128G 及以上储存卡、监视器、电池 8 个、背包、充电器、移动通信网络图传模块、其他组件	C	专业配置	配电网中压运维班、供电所
2	用电设备类	可见光高精度定位轻型多旋翼无人机	1 架/班	每架无人机配齐云台相机、128G 及以上储存卡、监视器、电池 8 个、背包、充电器、移动通信网络图传模块、其他组件	C	专业配置	配电网中压运维班、供电所

序号	类别	工具名称	数量配置标准	技术参数标准	等级	配置方式	备注
3	用电设备类	双光高精度定位轻型多旋翼无人机	1架/班	每架无人机配齐云台相机、128G及以上储存卡、监视器、电池8个、背包、充电器、移动通信网络图传模块、其他组件	C	专业配置	配电网中压运维班、供电所
4	生产测试设备类	风速仪	1个/班	数字显示	C	专业配置	配电网中压运维班、供电所
5	生产用电设备类	移动终端	1台/班	7寸以上屏幕,带GPS功能	C	专业配置	配电网中压运维班、供电所
6	生产用电设备类	地理信息采集终端	1台/班	符合技术规范要求	C	专业配置	配电网中压运维班、供电所,视实际需求配置
7	用电设备类	夜视多旋翼无人机	2架/班	每架无人机配齐云台相机、128G及以上储存卡、监视器、电池8个、背包、充电器、移动通信网络图传模块、其他组件	B	专业配置	中压运维班、供电所配置
8	用电设备类	喷火多旋翼无人机	1架/班	每架无人机配齐云台相机、128G及以上储存卡、监视器、电池8个、背包、充电器、移动通信网络图传模块、其他组件	B	专业配置	技改资金充裕的供电局视实际需求选配;中压运维班、供电所配置
9	用电设备类	发热丝多旋翼无人机	1架/班	每架无人机配齐云台相机、128G及以上储存卡、监视器、电池8个、背包、充电器、移动通信网络图传模块、其他组件	B	专业配置	技改资金充裕的供电局视实际需求;中压运维班、供电所配置

注 配置标准按照8人/班进行测算,班组应根据实际人数及业务情况,按比例确定配置数量。

2.5.4　地市级生产指挥中心智能作业班配置标准

表 2-8 地市级生产指挥中心智能作业班工器具配置标准所述工器具特指利用多旋翼无人机开展机巡工作所需的一系列工器具，包括多旋翼无人机、地面站、无人机跟踪器等，不包括开展非机巡业务所需的工器具。

根据生产作业需求的必要性，明确基本配置（C 级）、进阶配置（B 级）和高阶配置（A 级）配置的工器具种类，工器具数量按班组人数（8 人/班、运行班组按 18 人/班标准）配置。

1. 业务范围

由于各地市局在生产指挥中心智能作业班职责、业务划分方面存在一定的差异，目前地市局生产指挥中心智能作业班主要有以下三种运作模式：

（1）模式一：主要负责开展变电机巡业务及输电机巡业务；

（2）模式二：主要负责开展变电机巡业务；

（3）模式三：主要负责开展输变配机巡业务。

2. 不同模式下的配置标准

针对三种运作模式，地市级生产指挥中心智能作业班工器具配置标准如表 2-8 所示。

表 2-8　　　　　地市级生产指挥中心智能作业班工器具配置标准

序号	类别	工具名称	数量配置标准	技术参数标准	等级	配置方式	备注	模式一	模式二	模式三
1	用电设备类	倾斜摄影建模高精度定位多旋翼轻型无人机	3 架/班	每架无人机配齐倾斜摄影建模云台相机、128G 及以上储存卡、监视器、电池 8 个、背包、充电器、移动通信网络图传模块、其他组件	C1	专业配置	变电实景建模、输电点云建模	√	√	√

续表

序号	类别	工具名称	数量配置标准	技术参数标准	等级	配置方式	备注	模式一	模式二	模式三
2	用电设备类	可见光高精度定位多旋翼轻型无人机	1架/人	每架无人机配齐云台相机、128G 及以上储存卡、监视器、电池 8个、背包、充电器、移动通信网络图传模块、其他组件	C1	专业配置	巡视	√	√	√
3	用电设备类	双光高精度定位多旋翼轻型无人机	2架/班	每架无人机配齐云台相机、128G 及以上储存卡、监视器、电池 8个、背包、充电器、移动通信网络图传模块、其他组件	B	专业配置		√	√	√
4	用电设备类	小型多旋翼无人机	2架/班	每架无人机配齐128G 及以上储存卡、监视器、电池 8组、背包、充电器、其他组件	B	专业配置		√	√	√
5	用电设备类	激光雷达载荷	2个/班	测距≥100m（60%反射率）；每秒激光点数 ≥20万点；精度≤0.1m	B	专业配置		√	√	√
6	用电设备类	自动机场	1套/站	包含自动机场、无人机、监控器	C1	专业配置	自动机场和简易机场二选一	√	√	×
7	用电设备类	简易机场	1套/站	包含简易机场、监控器、机场钥匙	C1	专业配置		√	√	×
8	用电设备类	背包激光雷达	1套/班	包含激光雷达装置、电池 2 块、512G U 盘、基站、GPS 天线	C1	专业配置	背包雷达和地基雷达二选一	√	√	×
9	用电设备类	地基雷达	1套/班	包含地基激光雷达装置、地基雷达三角支架、RTK 测量仪、RTK 测量仪三角对重杆、配套解算软件、电池 4 块、512G U 盘	C1	专业配置		√	√	×

序号	类别	工具名称	数量配置标准	技术参数标准	等级	配置方式	备注	模式一	模式二	模式三
10	生产用电设备类	航线规划软件	2 个/班	航线规划软件永久账号	C1	专业配置		√	√	√
11	生产用电设备类	大疆智图账号	2 个/班	大疆智图电力版永久版	C1	专业配置	建模	√	√	√
12	生产用电设备类	移动/固定工作站	2 台/班	硬盘：2TB 或以上；内存：16GB 或以上；CPU：2.6GHz 以上、六核、i7；USB 接口：USB3.0 端口三个或以上；操作系统：WIN 10 或以上；显卡：独立显卡；显卡容量：4GB（可升级），配备扩展插槽	C1	专业配置		√	√	√
13	生产用电设备类	专用笔记本电脑	1 套/班	符合技术规范要求	C1	专业配置	机场调试	√	√	×
14	生产用电设备类	地面站	1 台/人	Android 系统平板电脑，按当前主流配置	C2	个人工具包		√	√	√
15	生产用电设备类	锂电池充电管家	1 套/班	多旋翼无人机电池用	C2	专业配置		√	√	√
16	生产测试设备类	手持式GPS 接收机	4 台/班	信号良好、防水性能好、恶劣天气下抗干扰能力强	C2	专业配置		√	√	√
17	生产测试设备类	数字风速表	4 部/班	欧盟 CE 安全标准设计，并符合 ROHS/REACH 等环保认证	C2	专业配置		√	√	√
18	用电设备类	无人机跟踪器	1 台/架	1）应具备采集经纬度、高程等数据的功能；2）应具备独立电池、通信及定位系统；3）应具备相关平台查看定位器信息功能；4）应具备飞行数据统计功能	C2	专业配置	输电业务无人机宜配置	√	√	√

续表

序号	类别	工具名称	数量配置标准	技术参数标准	等级	配置方式	备注	模式一	模式二	模式三
19	用电设备类	夜视多旋翼无人机	1架/班	含传感器、相机、16G储存卡、监视器、电池8个、背包、充电器、其他组件	B	专业配置		√	√	√

注 配置标准按8人/班进行测算，班组应根据实际人数及业务情况，按比例确定配置数量。针对无人机非正常降落损坏概率较大、送检送修周期较长等因素，变电无人机数量宜按标准配置数量的1.2倍进行配置。

2.5.5 区县级生产指挥中心智能作业班配置标准

区县级生产指挥中心智能作业班工器具配置标准所述工器具特指利用多旋翼无人机开展机巡工作所需的一系列工器具，包括多旋翼无人机、地面站、无人机跟踪器等，不包括开展非机巡业务所需的工器具。

根据生产作业需求的必要性，明确基本配置（C级）、进阶配置（B级）和高阶配置（A级）配置的工器具种类，工器具数量按班组人数（8人/班、运行班组按18人/班标准）配置。

1. 业务范围

指挥中心智能作业班职责、业务划分方面存在一定的差异，目前区县级生产指挥中心智能作业班主要有以下三种运作模式：

（1）模式一：主要负责开展变电机巡业务及输电机巡业务。

（2）模式二：主要负责开展配电机巡业务。

（3）模式三：主要负责开展输变配机巡业务。

2. 不同模式下的配置标准

区县级生产指挥中心智能作业班工器具配置标准如表2-9所示。

表2-9 区县级生产指挥中心智能作业班工器具配置标准

序号	类别	工具名称	配置标准	技术参数标准	等级	配置方式	备注	模式一	模式二	模式三
1	用电设备类	可见光高精度定位多旋翼轻型无人机	1架/人	每架无人机配齐云台相机、128G及以上储存卡、监视器、电池8个、背包、充电器、移动通信网络图传模块、其他组件	C1	专业配置	巡视	√	√	√
2	用电设备类	双光高精度定位多旋翼轻型无人机	2架/班	每架无人机配齐云台相机、128G及以上储存卡、监视器、电池8个、背包、充电器、移动通信网络图传模块、其他组件	B	专业配置		√	√	√
3	用电设备类	小型多旋翼无人机	2架/班	每架无人机配齐128G及以上储存卡、监视器、电池8组、背包、充电器、其他组件	C1	专业配置		√	√	√
4	用电设备类	激光雷达载荷	2个/班	测距≥100m（60%反射率）；每秒激光点数≥20万点；精度≤0.1m	C1	专业配置		√	√	√
5	用电设备类	自动机场	1套/8公里半径	包含自动机场、无人机、监控器、电池8个、锂电池充电器	B	专业配置		√	√	×
6	用电设备类	RTK移动地面基站（带广播功能）	1台/班	1）应具备采集经纬度、高程等数据的功能；2）应具备独立电池、通信及定位系统；3）应具备相关平台查看定位器信息功能；4）应具备飞行数据统计功能；5）应具备设备状态（电量、定位）显示功能；6）定位精度<5m；7）刷新频率<5s；8）尺寸≤80mm（L）×40mm（W）×30mm（H）；9）持续工作时间≥7h	B	专业配置	辖区可机巡线路存在无RTK覆盖	√	√	√

续表

序号	类别	工具名称	配置标准	技术参数标准	等级	配置方式	备注	模式一	模式二	模式三
7	用电设备类	背包激光雷达	1套/班	包含背包激光雷达装置、电池2块、512G U盘、基站、GPS天线	B	专业配置		√	√	×
8	用电设备类	航线规划软件	2个/班	航线规划软件永久账号	C1	专业配置		√	√	√
9	用电设备类	大疆智图账号	2个/班	大疆智图电力版永久版	C1	专业配置	建模	√	√	√
10	用电设备类	移动/固定工作站	2台/班	硬盘：2TB 或以上；内存：16GB 或以上；CPU：2.6GHz 以上、六核、i7；USB接口：USB3.0端口三个或以上；操作系统：WIN 10 或以上；显卡：独立显卡；显卡容量：4GB（可升级），配备扩展插槽	C1	专业配置		√	√	√
11	用电设备类	专用笔记本电脑	1套/班	符合技术规范要求	C2	专业配置	机场调试	√	√	×
12	用电设备类	地面站	1台/人	Android 系统平板电脑，按当前主流配置	C2	个人工具包		√	√	√
13	用电设备类	锂电池充电管家	2套/班	多旋翼无人机电池用	C2	专业配置		√	√	√
14	用电设备类	手持式GPS接收机	4台/班	信号良好、防水性能好、恶劣天气下抗干扰能力强	C2	专业配置		√	√	√
15	生产测试设备类	数字风速表	4部/班	欧盟 CE 安全标准设计，并符合 ROHS/REACH 等环保认证	C2	专业配置		√	√	√
16	用电设备类	无人机跟踪器	1台/架	1）应具备采集经纬度、高程等数据的功能；2）应具备独立电池、通信及定位系统；3）应具备相关平台查看定位器信息功能；4）应具备飞行数据统计功能	C2	专业配置		√	√	√

续表

序号	类别	工具名称	配置标准	技术参数标准	等级	配置方式	备注	模式一	模式二	模式三
17	用电设备类	夜视多旋翼无人机	1 架/班	每架无人机配齐云台相机、128G 及以上储存卡、监视器、电池 8 个、背包、充电器、移动通信网络图传模块、其他组件	B	专业配置		√	√	√
18	用电设备类	紫外多旋翼无人机	2 架/班	每架无人机配齐云台相机、128G 及以上储存卡、监视器、电池 8 个、背包、充电器、移动通信网络图传模块、其他组件	B	专业配置		√	√	√
19	用电设备类	紫外检测挂载装置	1 个/班	波长范围：240~280nm；放电灵敏度：1pC@ 10m；RIV 灵敏度：3.6dBμV（RIV）@1MHz@ 10m；紫外灵敏度：$2.0\times10^{-18}watt/cm^2$；视场角：12.6°×7.2°；增益调节 0~100%	C2	专业配置		√	√	√

注　配置标准按 8 人/班进行测算，班组应根据实际人数及业务情况，按比例确定配置数量。

第 3 章
机巡作业策略

3.1 概述

电力资产的运行和维护是确保电网设备运行可靠性和安全的重要技术手段，而随着新型电力系统的建设，传统的依靠人工巡视已经不能满足电网运维的需求，客观上要求通过现代化技术手段实现对输电、变电和配电设备的全面监控与巡检，及时发现和消除设备缺陷，降低故障率，提升供电可靠性。随着无人机、机器人和在线监测技术的发展，传统人工作业模式逐步转向"机巡+人巡"协同作业，为电网运维提供了更精准、更高效的解决方案。目前，电网主要通过应用无人机、摄像头、卫星、机器人等智能终端开展输变配设备智能巡视工作，结合各专业特点，差异化制订机巡作业策略。例如，在输配电专业，南方电网采用"无人机巡视全自主开展"，国家电网实行"无人机+可视化+人工+多源在线监测"的立体化巡检与可视化集中监控结合路线。输电线路巡检涵盖精细化巡检（用多旋翼无人机查线路本体缺陷，依线路情况定周期）、通道巡检（多种方式结合，非禁飞区每年至少一次通道建模）、专业检测（依线路状况定红外测温周期）、特殊巡维（针对各类风险制定计划）、三维点云建模（采集数据助力杆塔管理）、特种作业（无人机搭载设备处理特殊任务）、应急勘灾和机巡验收（利用无人机响应相关需求）等，各环节有特定要求与技术应用。变电专业以无人机等替代人工运维，日常巡维根据设备管控级别开展并结合智能与人工巡检，动态巡视针对环境等变化及时巡检维护。配电专业由配电网智能作业班和中压配电运维班协同，按特定策略日常巡视，同时严格执行作业流程、明确班组职责、优化统计口径，保障配电网可靠供电。

3.2 输电机巡作业策略

输电线路机巡作业策略制订是从机型和设备两个方面来考虑，机型上主要考虑各种机型的作业效率、环境适应性和作业成本等，电网设备主要考虑设备所处区域周边环境、各种隐患、缺陷情况及电网网架结构。

直升机以开展长距离、高压输电线路的快速巡检为主，同时开展带电水冲洗、带电作业、三维激光扫描灾情普查、应急抢险、人员物资运输等工作，直升机线路巡视主要采取"通用航空公司提供飞行服务、线路巡检人员进行作业"模式。

多旋翼无人机定位于短距离、复杂环境的精细化巡检，近距离检测设备细节和隐患排查，快速部署用于应急响应和环境监测，灵活性和操控性强。

南方电网输电线路运维采用"无人机巡视全自主开展"技术路线。国家电网公司主要以直升机、无人机、机器人、可视化监控、各类在线监测、卫星技术、人工相互协同开展输电线路巡检。主要包括日常巡视、特殊巡视、动态巡视等。

下面以广东电网及四川电网 2022 年运维策略为例，从巡视周期、工作要求等方面进行详细说明，其他各省市单位可做参考。

3.2.1 精细化巡检

精细化巡视由运维单位负责落实，主要通过多旋翼无人机方式开展，同时对两侧通道环境进行影像拍摄，影像拍摄应达到可清晰判别销钉级缺陷的质量要求。精细化巡视是专门针对线路本体开展的巡视工作，目的在于发现线路本体缺陷，如导线、地线的损伤、断股、腐蚀情况；绝缘子的裂纹、污闪、破损；金具的锈蚀、松动、脱落；杆塔、基础的损坏、倾斜等，巡视内容以可将光为主，广东电网精细化巡视表见表 3-1，四川电网精细化巡视表见表 3-2。

表 3-1 广东电网精细化巡视表

项目	周期				多种巡视方式	工作要求
	Ⅰ级	Ⅱ级	Ⅲ级	Ⅳ级		
精细化巡视	1年1次	1年1次	1年1次	1年1次	直升机巡视	1）开展直升机巡检作业前，线路运维单位应根据线路运行状态、隐患区段情况、缺陷复核等方面对线路机巡重点提出要求，并提供必要的线路坐标、机巡标识牌安装情况、特殊区段等资料。 2）其中涉港澳核重点线路、Ⅰ级和Ⅱ级管控线路、迎峰度夏及沿海Ⅰ类和Ⅱ类风区重点线路优选直升机精细化巡视，其余线路可选择多旋翼无人机精细化巡视
					无人机巡视	1）利用多旋翼无人机对导地线、绝缘子、金具、塔头等部位开展精细化巡视时，以可见光检查为主，条件具备时可同步开展红外测温检测工作。

续表

项目	周期				多种巡视方式	工作要求
	Ⅰ级	Ⅱ级	Ⅲ级	Ⅳ级		
精细化巡视	1年1次	1年1次	1年1次	1年1次	无人机巡视	2）可引入智能巡检系统，实现无人机自动化、智能化巡视，提高巡检效率和质量。 3）多旋翼无人机精细化巡视其他要求参照《广东电网有限责任公司架空输电线路多旋翼无人机作业实施细则》执行
					人工巡视	对于不具备机巡作业条件的线路区段，应采用高倍相机或人工登塔方式进行拍照检查，人工精细化巡视要求巡视人员必须到塔位，巡视内容包括线路本体及线行通道

表 3-2　　　　　　　　四川电网精细化巡视表

项目	在运线路区段													新投线路、改（扩）建线路改（扩）建区段
	Ⅰ类		Ⅱ类		Ⅲ类		重要断面线路	单电源线路	城市生命线电源线路	同站双电源同塔区段	重要跨越耐张段	穿越林区区段	其他大跨越区段、舞动区等特殊区段	
状态评价	正常	注意及以上	正常	注意及以上	正常	注意及以上								
无人机巡视	1年1次	1年1次	1年1次	1年1次	1年1次	1年1次	至少1年1次，根据实际情况缩短巡视周期，参照《架空输电线路运行规程》（DL/T 741—2019）、《国家电网公司架空输电线路运维管理规定》等相关文件执行							在投运前完成1次精细化飞巡及缺陷分析工作
人工巡视	对于不具备机巡作业条件的线路区段，应采用高倍相机或人工登塔方式进行拍照检查，人工精细化巡视要求巡视人员必须到塔位，巡视内容包括线路本体及线行通道													

3.2.2　通道巡检

通道巡视由运维单位负责落实，是专门针对线行通道环境开展的巡视工作，主要通过直升机、多旋翼无人机及人工等方式开展，有视频监控的区段，可以用查看视频监控代替。目的在于及时发现线行通道中的树障、交叉跨越、建构筑物、临时施工等安全隐患，巡视内容包括导线安全距离测量和可见光隐患排查。运维单位应及时根据巡视结果动态调整特殊区段。非禁飞区线路每年至少开展1次全线通道建模。广东电网通道巡视表见表3-3，四川电网通道巡视表见表3-4。

表 3-3 　　　　　　　　　　　　　　广东电网通道巡视表

项目	周期				多种巡视方式	工作要求
	Ⅰ级	Ⅱ级	Ⅲ级	Ⅳ级		
通道巡视	3月1次	3月1次	3月1次	3月1次	直升机巡视	1）在通道巡视周期内完成一次直升机精细化巡视可代替一次通道巡视。 2）开展直升机巡检作业前，线路运维单位应根据线路运行状态、隐患区段情况、缺陷复核等方面对线路机巡重点提出要求，并提供必要的线路坐标、机巡标识牌安装情况、特殊区段等资料
					无人机巡视	1）在通道巡视周期内完成一次多旋翼无人机精细化巡视可代替一次通道巡视。 2）由线路运维单位采用无人机或人工巡视的方式开展通道巡视，通道巡视应与人工定期巡视安排在不同月开展。 3）可引入智能巡检系统，实现无人机自动化、智能化巡视，提高巡检效率和质量
					视频巡视	1）视频监控装置应可监控导地线、金具、绝缘子及杆塔基础的状态，确保及时发现线行通道中的安全隐患。 2）具备图片推送功能的视频监控装置，图片自动推送周期不得长于3小时；线路运维单位应安排人员定期查看视频监控情况，图片推送接收人员应及时查看推送信息。 3）对不具备图片推送功能的视频装置，线路运维单位应根据现场情况，安排人员定期查看视频监控情况，查看频率不应低于人工巡视要求
					人工巡视	对于不具备机巡作业条件的线路区段，由运维单位人工开展通道巡视工作，巡视人员必须到塔位，巡视内容包括线路本体及线行通道

表 3-4 　　　　　　　　　　　　　　四川电网通道巡视表

项目	巡视类型	工作要求
通道巡视	无人机杆塔常规巡检	1）针对架空输电线路本体、附属设施快速地开展巡检，进行影像拍摄。影像拍摄应达到判别螺栓级缺陷的质量要求。 2）全线无人机杆塔常规巡检周期，每6个月1次。其中，Ⅰ类且本体及附属设施状态评价结果为"注意"的区段周期，每4个月1次；Ⅰ类且本体及附属设施状态评价结果为"异常"的区段周期，每3个月1次；Ⅰ类且本体及附属设施状态评价结果为"严重"的区段周期，每1个月1次

续表

项目	巡视类型	工作要求
通道巡视	无人机通道常规巡检	1）针对架空输电线路通道环境快速地开展巡检，能够连续不间断进行影像拍摄。影像拍摄应清晰反映线路通道走廊内建筑物、施工作业点、树竹大概生长情况等，且可对比出明显变化。 2）全线无人机通道常规巡检周期，每 6 个月 1 次。其中，Ⅰ类且通道环境状态评价结果为"注意"及以上的区段周期，每 1 个月不少于 1 次。另外，如通道树竹、外力破坏等隐患巡检周期按工区相关运维管理规定执行
	无人机通道扫描	1）运用无人机搭载可见光或激光雷达设备，对架空输电线路通道及附近的树竹、建筑物、构筑物和其他交叉跨越物开展距离精准扫描测量。 2）全线无人机通道扫描周期，每年 1 次。其中，Ⅰ类且通道环境状态评价结果为"注意"及以上的区段周期，每 1 个月不少于 1 次。 3）通道树竹 A 类（$d \leqslant 3\text{m}$）隐患每两周激光扫描 1 次；B 类（$d>3\text{m}$ 且 $d \leqslant 4.5\text{m}$）隐患，每月激光扫描 1 次；C 类（$d>4.5\text{m}$ 且 $d \leqslant 6.0\text{m}$）隐患，每季度激光扫描 1 次；其他树障隐患区段人工或无人机测量跟踪。 4）速生树木、断尖树障隐患区段隐患类型提升一级管控
	视频巡视	1）视频装置应可监控导地线、金具、绝缘子及杆塔基础的状态，确保及时发现通道中的安全隐患。 2）图像监拍装置可监控通道走廊内运行环境的变化，及时发现外破施工、导线异物、山火、覆冰等隐患。 3）具备图片推送功能的图像监拍装置，图片自动推送周期不得长于 1h。 4）固定外破施工、异物飘挂区段等线路区段运维单位集中监控人员查看周期不得长于 1h。 5）集中监控人员发现的异常预警信息需要在 5min 内以工单+电话的形式及时通知运维设备主人。 6）对不具备图片推送功能的视频装置，线路运维单位应根据现场情况，安排人员定期查看视频监控情况，查看频率不应低于人工巡视要求
	人工巡视	1）对于不具备机巡作业条件的线路区段，由运维单位人工开展通道巡视工作，巡视人员必须到塔位，巡视内容包括线路本体及线行通道。 2）对开展机巡作业条件的线路区段，在通道巡视周期内完成一次多旋翼无人机精细化巡视可代替一次通道巡视。 3）通道巡视可与人工定期巡视安排在不同月开展，人工巡视周期不得低于 4 月/次

3.2.3 专业检测

1. 四川电网通用要求

线路输送功率小于 40% 额定功率时一般不开展带电红外检测；对运行中的输电线路每年红外测温至少 1 次；在运"三跨"红外测温周期应不超过 3 个月；当环境温度达到 35℃ 或输送功率超过额定功率的 80% 时，对重要跨越线路区段应开展红外测温，并依据检测结果、环境温度和负荷情况跟踪检测；特殊电网运行方式下且线路输送功率大于 40% 额定功率时，根据特巡特护措施的要求，对 15%~30% 的线路设备进行带电红外检测；迎峰度夏前、迎峰度夏及迎峰度冬期间（宜在线路负荷达到 1000MW 或允许荷载的 80% 及以上时）开展至少 1 次红外测温，同时在夏季高温及冬季低温时段和满载、重载时段、负荷突变时段适当增加检测次数；新建投运及迁改异动输电线路根据负荷情况及时安排红外测温度，原则在投运一个月内完成首次带电红外检测；发热消缺线路测温要求在消缺后 1 周内完成一次红外测温；特殊保供电前至少完成一次红外测温。

2. 广东电网通用要求

重要交叉跨越区段测温要求：①不低于 1 次/1 月；②迎峰度夏前、迎峰度夏期间（宜在线路负荷达到 1000MW 或允许荷载的 80% 及以上时）；③环境温度达到 35℃ 或当输送功率超过额定功率的 80% 时；④防冰抗冰结束后 1 月内。

非重要交叉跨越区段测温要求：1 次/1 年。

保供电要求：重要交叉跨越区段测温要求：特殊保供电前完成一次红外测温。

3.2.4 特殊巡视

特殊巡视表如表 3-5 所示。

3.2.5 三维点云建模

三维点云建模由运维单位负责落实，具体建模工作表如表 3-6 所示，是专门针对线行通道及设备本体点云的采集工作，主要通过直升机、多旋翼无人机及背包雷达等方式开展，目的在于线路杆塔维护、测量，以及建立数字化台账建立杆塔模型。

表3-5　特殊巡视表

项目	周期				工作要求（在特殊巡视周期内，已完成日常巡视的，可当作一次特殊巡视）
	关键	重要	关注	一般	
防外力破坏	1）存在大型机械施工或者其他潜在风险，可能对线路成线路安全运行构成影响的线路区段：1天1次； 2）上述隐患点若已安装视频监控的，人工到位巡视周期：1周1次； 3）必要时安排值守	1）存在大型机械施工或者其他潜在风险，可能对线路成线路安全运行构成影响的线路区段：1天1次； 2）上述隐患点若已安装视频监控的，人工到位巡视周期：1周1次； 3）必要时安排值守	1）存在大型机械施工或者其他潜在风险，可能对线路成线路安全运行构成影响的线路区段：1天1次； 2）上述隐患点若已安装视频监控的，人工到位巡视周期：1周1次； 3）必要时安排值守	1）存在大型机械施工或者其他潜在风险，可能对线路成线路安全运行构成影响的线路区段：1天1次； 2）上述隐患点若已安装视频监控的，人工到位巡视周期：1周1次； 3）必要时安排值守	1）做好线路通道周边的施工和开挖、堆取土、建房、采石、爆破、种植等存在潜在风险作业的巡查和监控工作，重点关注吊车、泵车等大型作业机械，防范外力破坏风险。 2）对存在上述可能影响线路安全运行的风险点，应做好风险辨识，进行分类，开展有针对性的特巡。 3）应通过下发安全隐患通知书，设置警示标识牌，向政府报备等措施切实做好安全风险揭示及技术交底工作。 4）视频监控装置应可监控线路隐患区段整体情况，无明显监控盲点。 5）具备图片推送功能的视频监控装置，隐患区段施工作业期间，南方电网公司图片自动推送周期不得长于2h（国家电网公司不得长于1h）；对于有自动识别功能的视频监控装置，应具备短信实时告警功能。图片自动推送周期不得超过4h；人工复核有效的，电话及工单推送不得超过5min；图片推送及告警短信，监控预警电话接收人员必须包括但不限于以下人员：线路设备主人（线路责任人）、班长，运行专责；线路运维单位应安排人员定期查看视频监控情况，图片推送及告警信息及时收及时推送及告警信息。 6）对不具备图片推送功能的视频监控装置，线路运维单位应根据现场情况，任工作时间内安排人员定期查看视频监控情况。 7）运用固定翼等无人机、多旋翼无人机等先进机巡工器具，强化"防违章施工"机巡特巡，降低外力破坏风险。 8）有外委人员进行特巡或群众护线，其巡查密度不低于1周2次的，可适当降低线路运维人员的巡视频率，但不得少于1周1次

续表

项目	周期				工作要求（在特殊巡视周期内，已完成日常巡视的，可当作一次特殊巡视）
	关键	重要	关注	一般	
防树障	(1) 速生期：1) 1月2次；2) 对于基本达到自然生长高度的，巡视周期可延长到1月1次。(2) 非速生期：结合其他巡视开展	(1) 速生期：1) 1月2次；2) 对于基本达到自然生长高度的，巡视周期可延长到1月1次。(2) 非速生期：结合其他巡视开展	(1) 速生期：1月1次。(2) 非速生期：结合其他巡视开展	(1) 速生期：1月1次。(2) 非速生期：结合其他巡视开展	1) 加强对树木速生区的巡视检查，发现影响线路安全运行的隐患应及时采取修剪、砍伐等措施。 2) 根据现场树木生长情况，必要时适当缩短巡视周期。 3) 定期通过三维数据测量树木与导线的距离，建立树障隐患档案，并进行动态更新。 4) 对于无人机巡视及时发现的树障缺陷，供电局应根据缺陷等级及时开展树障清理工作。 5) 条件允许的单位可安装树障视频监控装置，并安排人员定期查看视频监控情况。 6) 对于通过视频监控可明显掌握树木生长情况的隐患点，可将速生期的巡视周期延长到1月1次
防飘挂物	1) 特巡工作结合日常巡视进行；2) 大风天气大风预警前及大风过后，各开展防飘挂物特巡1次	1) 特巡工作结合日常巡视进行；2) 大风天气大风预警前及大风过后，各开展防飘挂物特巡1次	1) 特巡工作结合日常巡视进行；2) 大风天气大风预警前及大风过后，各开展防飘挂物特巡1次	1) 特巡工作结合日常巡视进行；2) 大风天气大风预警前及大风过后，各开展防飘挂物特巡1次	1) 对线路周边飘挂物密集区进行集中治理，同时对重点区段加强监督和巡视，必要时对易飘物进行固定。 2) 加大对沿线线路的巡视，及时知晓评异物引起的线路跳闸，及时普及电力设施保护常识。 3) 结合当地风俗，在传统节日及庆典活动期间开展防飘挂物特巡工作。 4) 条件允许的单位可安装飘挂物监控装置，并安排人员定期查看视频监控情况，特殊大风天气异常飘挂区段每小时监控至少1次

续表

项目	周期				工作要求（在特殊巡视周期内，已完成日常巡视的，可当作一次特殊巡视）
	关键	重要	关注	一般	
防外力碰撞	1）未安装视频监控的区段，1月2次； 2）安装视频监控的区段，特巡工作结合其他巡视进行	1）未安装视频监控的区段，1月2次； 2）安装视频监控的区段，特巡工作结合其他巡视进行	1）未安装视频监控的区段，1月1次； 2）安装视频监控的区段，特巡工作结合其他巡视进行	1）未安装视频监控的区段，1月1次； 2）安装视频监控的区段，特巡工作结合其他巡视进行	1）对跨航道的线路或易撞杆塔进行巡视检查和测量，确保航道警示、防撞设施完好，导线对水面距离符合相关要求，发现不满足要求的线路应及时与航道部门取得联系，采取必要的监控和预控措施。 2）对不满足道路防撞要求的杆塔应及时采取必要的警示和防撞措施。 3）视频监控装置应可监控防外力碰撞隐患区段整体情况，包括警示、防撞措施。 4）具备图片推送功能的视频监控装置，南方电网图片自动推送周期不得长于3h（国家电网不得小于1h）；对于有自动识别功能的视频监控装置，应具备告警实时告警功能，图片自动推送周期不得长于4h；人工复核有效的，电话及工单推送不得超过5min；图片推送及告警短信、线路监控预警电话接收人员必须包括不限于以下人员：线路设备主人（线路责任人）、班长、运行专责；线路运维单位应安排人员定期查看视频监控情况，图片推送及告警信息应收人员应及时查看推送及告警信息。 5）对不具备图片推送功能的视频监控装置，线路运维单位应根据现场情况，在工作时间安排人员定期查看视频监控情况。 6）条件允许的单位应安装防外力碰撞预警装置

续表

项目	周期				工作要求（在特殊巡视周期内，已完成日常巡视的，可当作一次特殊巡视）
	关键	重要	关注	一般	
防雷击（4~9月）	必要时	必要时	必要时	必要时	1) 综合分析雷害分布图、线路雷击跳闸、杆塔耐雷水平、地形地貌等因素，制订并落实综合防雷措施。 2) 开展雷电定位系统维护工作，对线路雷坐标进行核对，按计划完成杆塔接地电阻检测和防雷修理改造项目。 3) 查找雷击跳闸故障点，对发生雷击闪络的绝缘子，根据受损情况进行更换。 4) 结合巡视及红外测温工作对线路避雷器等线路防雷设施进行检查，按照抽检方案对线路避雷器进行运行抽检。 5) 每年雷雨季节前至少记录一次避雷器放电计数器指示数，并对避雷器动作情况进行统计分析
防鸟害	(1) 频发期（3~8月）： 1) 2天1次； 2) 已安装有效防鸟措施的，可延长到7天1次。 (2) 其他时期：结合其他巡视开展	(1) 频发期（3~8月）： 1) 3天1次； 2) 已安装有效防鸟措施的，可延长到7天1次。 (2) 其他时期：结合其他巡视开展	(1) 频发期（3~8月）： 1) 1周1次。 2) 已安装有效防鸟措施的，可延长到1月2次。 (2) 其他时期：结合其他巡视开展	(1) 频发期（3~8月）： 1) 1周1次。 2) 已安装有效防鸟措施的，可延长到1月2次。 (2) 其他时期：结合其他巡视开展	1) 制订防鸟害年度工作计划，根据鸟类活动规律和线路巡视情况划定鸟害区，滚动修编鸟害态势清册。 2) 鸟类活动频繁季节前，对安装的防鸟设施完好情况和防鸟效果进行检查，确保防鸟设施完好可用。 3) 根据鸟害规律开展防鸟害特巡，及时发现和消除危及线路运行的鸟类隐患，及时调整鸟害特殊区段。 4) 安装人工鸟巢、固定鸟刺、防鸟挡板、旋转式防鸟刺、大盘径绝缘子、塑料蛇等有效驱鸟装置，积极探索采用新技术、新方法防止鸟类活动。 5) 条件允许的单位应安装视频监控装置，安装的视频监控装置可监控及定期查看鸟类活动及鸟巢情况

续表

项目	周期				工作要求（在特殊巡视周期内，已完成日常巡视的，可当作一次特殊巡视）
	关键	重要	关注	一般	
防污闪（11月~次年3月）	1）积污期超过40天，且湿度超过85%时，开展特巡（夜巡），对防污爬电监测点开展夜巡1周1次； 2）必要时	1）积污期超过40天，且湿度超过85%时，开展特巡（夜巡），对防污爬电监测点巡1周1次； 2）必要时	1）积污期超过60天，且湿度超过85%时，开展特巡（夜巡），对防污爬电监测点巡1周1次； 2）必要时	1）积污期超过60天，且湿度超过85%时，开展特巡（夜巡），对防污爬电监测点巡1周1次； 2）必要时	1）制订防污闪年度工作计划，做好污秽区绝缘子的调爬、清扫（洗）和更换工作，积污季前应完成爬距配置不足绝缘子的调爬工作。 2）对于涂敷了防污闪涂料的绝缘子，检查防污闪涂料是否有蚀损、漏电起痕、树枝状放电、电弧烧伤痕迹以及脏污、粉化、龟裂、起皮和脱落等现象。 3）根据积污情况及天气状况及时开展特巡（夜巡），巡视中发现爬电严重情况，应及时采取停电清扫（洗）、带电水冲洗等措施。 4）结合巡视及红外测温工作对复合绝缘子进行检查，及时更换劣化和受潮复合绝缘子，按照抽检方案开展复合绝缘子运行抽检。 5）污秽度测量点的布点应科学合理映当地大气地反映当地大气的污秽情况，并根据周围环境的变化进行动态管理、污秽成分复杂和有新增污染地段应当增加测量点。 6）各供电局应选取不少于3基不同输电线路的杆塔作为防污爬电监测点，每周开展1次防污闪特巡，发现设备存在爬电缺陷应及时开展清扫，并扩大防污闪特巡范围，对全局所辖输变电设备全面开展一次防污闪特巡。 7）所选取防污闪隐患点防污闪特巡（夜巡）情况及时向公司生技部（运维检修部）审核，每周防污闪跟进隐患点防污闪特巡情况。电科院每周跟踪隐患进隐患点防污闪特巡情况。 8）防污爬电监测点（污闪隐患点）选取原则：曾发生过污闪、爬距配置不满足要求的，优先选取沿海20km范围内的；防污爬电监测点，爬距配置不满足要求的；附近存在垃圾场、发电厂、砖石场、化工厂等特殊污染源的；积污期大于60天的；受微地形、微气象影响的

续表

项目	周期				工作要求（在特殊巡视周期内，已完成日常巡视的，可当作一次特殊巡视）
	关键	重要	关注	一般	
防山火（10月~次年4月）	1）特巡工作结合日常巡视进行； 2）清明、重阳、春节等易发生山火的时期，开展防山火特巡	1）特巡工作结合日常巡视进行； 2）清明、重阳、春节等易发生山火的时期，开展防山火特巡	1）特巡工作结合日常巡视进行； 2）清明、重阳、春节等易发生山火的时期，开展防山火特巡	1）特巡工作结合日常巡视进行； 2）清明、重阳、春节等易发生山火的时期，开展防山火特巡	1）建立与政府防火办、气象和林业等部门的防火联动机制，及时获取山火信息，做好计划烧山火信息收集，必要时开展值守，严防计划烧山造成线路跳闸。 2）开展烧山、烧荒隐患的排查，滚动修编山火隐患清册，加强山火隐患点风险防控，严防由于高杆植物对线路安全距离不足导致的山火事件。 3）充分利用卫星监测及在线监测等技术手段，开展输电线路山火监测预警，实现对火情的及早发现和准确判断。 4）发生山火时，现场开展线路绝缘子、避雷器等设备的检查工作，确定线路是否主动停运；山火后，及时报送山火查线信息至电力科学研究院。 5）运用夜视无人机、红外无人机、照明无人机、固定翼无人机等先进机巡工作，强化防山火工作，林区线路每年至少开展一次激光扫描。 6）具备图片推送功能的视频监控装置，应具备短信实时告警功能。图片自动推送周期不得长于4h；人工复核有效的，电话及工单推送不得超过5min；图片推送必须包括但不限于以下人员：线路运维单位主人（线路责任人）、班长、运行专责；线路运维设备主人（线路责任人）、班长、运行专责；图片推送及告警信息接收人员应及时查看推送及告警信息。 7）对不具备图片推送功能的视频装置，线路运维单位应安排人员定期查看视频监控情况，在工作时间安排人员定期查看现场情况

续表

项目	周期				工作要求（在特殊巡视周期内，已完成日常巡视的，可当作一次特殊巡视）
	关键	重要	关注	一般	
防风防汛（4~10月）	1）安装视频监控的区段，特巡工作结合日常巡视进行； 2）未安装视频监控的区段，1月1次	1）安装视频监控的区段，特巡工作结合日常巡视进行； 2）未安装视频监控的区段，1月1次	1）安装视频监控的区段，特巡工作结合日常巡视进行； 2）未安装视频监控的区段，1月1次	1）安装视频监控的区段，特巡工作结合日常巡视进行； 2）未安装视频监控的区段，1月1次	1）按照"灾前防、灾中守、灾后抢"要求，开展线路防风防汛工作。 2）在台风或强降雨来临之前，运维单位对可能出现滑坡塌方的区段及杆塔拉线、基础护坡，杆塔所在山体、排水沟、挡土墙等进行隐患排查，对可能影响线路运行安全的树障、飘挂物进行清理，根据排查结果，提前采取防控措施并做好应急抢修队伍及物资的准备工作。 3）在台风或强降雨期间，按照要求做好特巡及值守工作。 4）在台风或强降雨后，在天气状况允许条件下，运用"人机协同"工作模式开展灾后巡查及事故抢修工作。 5）视频监控装置应可以监控杆塔基础护坡、杆塔所在山体、排水沟、挡土墙，杆塔拉线等位置及设备。 6）具备图片推送功能的视频监控装置，南方电网图片自动推送周期不得长于3h（国家电网不得小于1h）；对于有自动识别功能的视频监控装置，应具备短信实时告警功能。图片自动推送不得超过5min；图片推送及告警短信、监控预警电话接收人员必须不限于以下人员：线路运维单位接收人员应定期查看视频监控情况，图片推送及告警信息接收人员应及时查看推送及告警信息。 7）对不具备图片推送功能的视频装置，线路运维单位应根据现场实际情况，在工作时间安排人员定期查看视频监控情况

续表

项目	周期				工作要求（在特殊巡视周期内，已完成日常巡视的，可当作一次特殊巡视）
	关键	重要	关注	一般	
防覆冰（冰区12月~次年2月）	1）每年9~11月开展线路排查，可结合日常巡视开展； 2）12月~次年2月有覆冰时开展防冰特巡	1）每年9~11月开展线路排查，可结合日常巡视开展； 2）12月~次年2月有覆冰时开展防冰特巡	1）每年9~11月开展线路排查，可结合日常巡视开展； 2）12月~次年2月有覆冰时开展防冰特巡	1）每年9~11月开展线路排查，可结合日常巡视开展； 2）12月~次年2月有覆冰时开展防冰特巡	1）按照"灾前防、灾中守、灾后抢"要求，开展线路防冰抗冰工作。 2）在覆冰期来临前，对覆冰监测装置进行全面检查，及时消除缺陷，确保在线率符合要求，做好融冰装置消缺工作和升流试验。 3）覆冰期间，做好覆冰观测和冰情检查，及时向相关部门报送覆冰信息，当覆冰比值达到规定值时应立即启动防冰，对重点区段的覆冰开展冰情特巡。并根据天气预报和观冰结果，及时开展融冰工作。当线路因覆冰受损时，在条件允许情况下，运用"人机协同"工作模式开展灾后巡查及事故抢修工作。 4）覆冰期后，对发生过覆冰的线路应安排无人机或人工进行线路巡视检查，重点关注易磨损的部位，及时发现并消除线路缺陷或隐患
重要交叉跨越临近人口密集区或易燃易爆场所	1）1月1次； 2）结合日常巡视对特殊区段所在耐张段开展特巡	1）1月1次； 2）结合日常巡视对特殊区段所在耐张段开展特巡	1）1月1次； 2）结合日常巡视对特殊区段所在耐张段开展特巡	1）1月1次； 2）结合日常巡视对特殊区段所在耐张段开展特巡	1）重要交叉跨越反事故措施应按要求落实。 2）对导地线、金具及绝缘子等进行外观检查，开展导地线弧垂及跨越距离测量（至少每年1次），发现问题及时支持处理。 3）对线路周边环境开展全面的隐患排查，发现地质、外力破坏、山火等隐患应及时处理。 4）对有可能造成倒塔、断线及掉串的缺陷，应按照"提级分析、提级处理"原则进行处理，确保缺陷及时消除。 5）应编制绝缘子掉串、导地线断线等现场处置方案，落实备品备件、抢修工器具及人员，确保故障快速处理。

续表

| 项目 | 周期 | | | | 工作要求（在特殊巡视周期内，已完成日常巡视的，可当作一次特殊巡视） |
	关键	重要	关注	一般	
重要交叉跨越/临近人口密集区或易燃易爆场所	1）1月1次； 2）结合日常巡视对特殊区段所在耐张段开展特巡	1）1月1次； 2）结合日常巡视对特殊区段所在耐张段开展特巡	1）1月1次； 2）结合日常巡视对特殊区段所在耐张段开展特巡	1）1月1次； 2）结合日常巡视对特殊区段所在耐张段开展特巡	6）应与铁路、公路及海事等部门建立相关联动机制，及时获取相关信息，必要时开展应急演练。 7）在台风、雷暴、雨雪等恶劣天气前后，以及春运等保供电关键时段，及时开展针对性的特巡检查。 8）对于网、省公司发布的特定重要交叉跨越风险，具体按照网、省公司要求开展巡维工作。 9）视频监控装置应可监控导地线、金具、绝缘子及杆塔基础的状态，确保及时发现可能造成断线、掉串及倒塔的缺陷。 10）具备图片推送功能的视频监控装置，南方电网图片自动推送周期不得长于3h（国家电网不得小于1h）；对于有自动识别功能的视频监控装置，应具备短信实时告警功能。图片自动推送周期不得超过5min；人工复核有效的，电话及工单推送不得超过4h；图片推送包括但不限于以下人员：线路设备监控人员（线路责任人、班长、运行专责），图片推送及告警信息接收人员应定期查看视频监控及告警信息。 11）对不具备图片推送功能的视频监控装置，线路运维单位应安排人员定期查看视频监控情况，在工作时间安排人员应根据现场情况及时查看视频监控情况

续表

项目	周期				工作要求（在特殊巡视周期内，已完成日常巡视的，可当作一次特殊巡视）
	关键	重要	关注	一般	
大跨越	1）安装视频监控的区段，特巡工作结合日常巡视进行； 2）未安装视频监控的区段，1月1次	1）安装视频监控的区段，特巡工作结合日常巡视进行； 2）未安装视频监控的区段，1月1次	1）安装视频监控的区段，特巡工作结合日常巡视进行； 2）未安装视频监控的区段，1月1次	1）安装视频监控的区段，特巡工作结合日常巡视进行； 2）未安装视频监控的区段，1月1次	1）应根据线路运行环境、线路特点和运行经验，利用无人机有针对性开展外观检查工作，重点关注导地线及金具易磨损部位。 2）怀疑导地线存在异常振动时，应对导、地线进行振动测量。 3）适当缩短大跨越区段的接地电阻测量周期。 4）应做好长期的气象、覆冰、雷电、水文的观测记录，应组织开展边坡专业评估。 5）视频监控装置应可监控大跨越区段整体情况，包括杆塔基础、周边环境及相关安健环设施。 6）具备图片推送功能的视频监控装置，南方电网图片自动推送周期不得长于3h（国家电网不得小于1h）；对于有自动识别功能的视频监控装置，应具备短信实时告警功能，图片自动推送不得超过5min；人工复核告警的，电话及工单接收人员必须包括但不限于以下人员：线路设备主人（线路责任人）、班长、运行专责；线路运维单位应安排人员定期查看视频监控情况，图片推送及告警信息接收人员应及时查看推送及告警信息。 7）对不具备图片推送功能的视频监控装置，线路运维单位应排人员定期查看视频监控。在工作时间安排人员定期查看现场情况，应根据现场情况及时推送及告警信息

续表

| 项目 | 周期 | | | | 工作要求（在特殊巡视周期内，已完成日常巡视的，可当作一次特殊巡视） |
	关键	重要	关注	一般	
故障巡视	必要时	必要时	必要时	必要时	1）线路跳闸后，线路专业人员应及时开展故障巡视，利用多旋翼无人机、夜视无人机、照明无人机、红外无人机、固定翼无人机、机场无人机等技术手段对故障点情况及周边环境进行详细检查，并及时报送故障原因分析报告。2）跳闸线路安装有视频监控装置的，线路跳闸后应安排专人对跳闸时间前后的视频监控数据进行排查，协助寻找故障原因

表 3-6   三维点云建模工作表

项目	作用	周期				工作要求
		Ⅰ级/Ⅰ类	Ⅱ级/Ⅱ类	Ⅲ级/Ⅲ类	Ⅳ级	
三维点云建模	通道巡视	1年1次	1年1次	1年1次	1年1次	1）非禁飞区线路每年至少开展1次全线通道建模。 2）开展直升机巡检作业前，线路运维单位应根据线路运行状态、隐患区段情况、缺陷复核等方面对线路机巡重点提出要求，并提供必要的线路坐标、机巡标识牌安装情况、特殊区段等资料
	航线规划	新建线路投运前，线路杆塔改造后	新建线路投运前，线路杆塔改造后	新建线路投运前，线路杆塔改造后	新建线路投运前，线路杆塔改造后	1）利用无人机搭载激光雷达或地面激光扫描仪对输电线路及其周边环境进行全面扫描，确保点云数据覆盖整个通道，包括线路杆塔、导线、绝缘子、植被、地面障碍物等，且数据精度能满足后期分析处理需求。 2）根据无人机巡检方式，规划无人机通道快速巡视、无人机激光扫描及精细化巡检、红外测温等作业航线
	杆塔倾斜测量	必要时	必要时	必要时	必要时	1）通过定期监测，可以及早发现由自然灾害（如地震、滑坡、台风、覆冰）或人为因素（如施工不当、挖矿活动、违章建筑）引起的杆塔倾斜，为采取应对措施提供依据。 2）新建设的输电线路在投运前，对杆塔进行倾斜测量是竣工验收的一部分，确保施工质量符合规范要求。 3）在发生事故后，测量杆塔的倾斜状态，为事故处理和今后的预防措施提供参考。 4）按照设备运维策略对需要测量的杆塔进行建模
	输电线路验收	线路投运前	线路投运前	线路投运前	线路投运前	要求使用高分辨率的激光扫描设备或无人机挂载的激光雷达进行数据采集，确保点云数据密度足够高，能够精确捕捉线路及周边环境的细节，包括杆塔本体结构、导线布置、地形地貌、弧垂测量、对地不足测量、超高树木检测等

3.2.6 特种作业

机巡特种作业由运维单位负责落实，特种作业表如表 3-7 所示，主要通过多旋翼无人机开展，目的在于高效、安全地进行特种检测或清除影响电网设备安全运行的异物等作业，以保障电网设备安全。

表 3-7 特种作业表

项目	作用	周期				工作要求
		Ⅰ级	Ⅱ级	Ⅲ级	Ⅳ级	
特种作业	X光巡视	必要时	必要时	必要时	必要时	1）检查结果（探伤报告、X 光片）应存档备。 2）案跨越高速铁路区段、跨越普通铁路区段、其他重要交叉跨越区段有必要时每 5 年对于导地线压接点开展 X 光探伤检查
	线路融冰	必要时	必要时	必要时	必要时	1）无人机需要针对低温、风雪等恶劣环境进行特殊设计，确保在极端气候下仍能稳定作业。 2）无人机搭载热源设备或喷雾系统，需注意各项负载对无人机负载能力的要求
	消除飘浮物	必要时	必要时	必要时	必要时	1）利用无人机搭载小型喷火装置，对附着在输电线上的塑料袋、薄膜等易燃飘浮物进行定点加热燃烧，迅速清除异物。 2）无人机搭载热源设备或喷雾系统，需注意各项负载对无人机负载能力的要求
	应急照明	必要时	必要时	必要时	必要时	1）利用无人机搭载照明装置，为架空输电线路夜间抢险提供作业照明。 2）采用无人机搭载通信基站开展无信号区域通信中继
	带电作业	必要时	必要时	必要时	必要时	1）利用无人机搭载"小飞人"即电动升降装置进出等电位带电作业，开展带电消缺工作。 2）无人机搭载 X 光检测装置开展线夹带电检测
	除冰除雪	必要时	必要时	必要时	必要时	利用无人机搭载除冰机器人开展线路除冰工作

3.2.7   应急勘灾

通过使用无人直升机、多旋翼或固定翼无人机根据应急需求，搭载三维激光、可见光、红外、系留装置、工器具运输挂架、喊话器等吊舱，开展地形、杆塔、导线三维建模，或者开展夜间照明、空中指引及人员搜救等应急工作。

3.2.8   机巡验收

通过使用无人直升机、多旋翼或固定翼无人机搭载可见光云台和三维激光雷达，对输电线路设备本体、附属设施、通道及电力保护区情况开展验收。

3.3   变电机巡作业策略

变电机巡作业是指通过无人机、机器人或摄像头替代人工开展设备运维工作，策略则根据运维项目和周期两个维度制订。巡视维护周期根据设备的管控级别确定，对于在电力输送中起核心作用、一旦故障会引发大面积停电的特级管控设备，其巡视周期会设定得相对较短，可能每隔数小时就需进行一次全面检查；而对于管控级别较低、对整体系统影响较小的设备，巡视周期则可适当延长，或许是数天甚至一周进行一次。运维项目包含周期性开展的日常巡维和非周期性触发的动态巡视，日常巡维就像是设备的"定期体检"，按照既定的时间间隔，对设备进行常规检查，包括外观是否有破损、温度是否正常、运行声音是否异常等；而动态巡视则像是设备的"急诊响应"，当系统监测到设备出现异常信号，如突发的电量波动、局部过热等情况，便会立即触发动态巡视，由无人机迅速飞至相应设备点位，进行全方位、多角度的详细查看，以便及时发现潜在问题并采取应对措施。以全覆盖站内设备为原则，无人机、机器人相互补充巡视点位。

3.3.1   日常巡维

日常巡维是变电设备巡视作业中周期性开展的运维工作，其重要性如同为设备安排"定期体检"。按照既定的时间间隔，工作人员会对设备进行多方面的常规检查。变电机巡日常运维表见表3-8。

表 3-8 变电机巡日常运维表

维护类别	项目	周期				工作要求侧重点
		Ⅰ级	Ⅱ级	Ⅲ级	Ⅳ级	
日常巡维项目	日常巡视表计抄录	1次/2天	1次/半月	1次/1月	1次/2月	按照巡检系统设定的巡检点和巡视路线，开展表计抄录任务，包括位油温表、油位表、避雷器表计、SF_6压力表、液压表抄录及位置状态识别等
	日常巡视设备外观、运行环境					按照巡检系统设定的巡检点和巡视路线，对站内设备外观及辅助设施外观、变电站运行环境等方面进行常规性巡检。在机器人自动识别功能未实现情况下，可通过人工判断识别巡视结果替代人工现场巡检
	红外测温					1）夜间开展红外测温。2）按照巡检系统设定的测温点和测温路线，开展设备测温
人机协同巡检	全面巡检	3月1次		6月1次		1）全面巡检应对站内设备表计、状态指示、红外测温、外观及辅助设施外观、变电站运行环境等方面进行全方位巡检，并与人工巡检结果进行比对。2）同步全面巡检可以结合日常巡维开展

注 1. 表计抄录类：油温表、油位表、避雷器表计、SF_6压力表、液压表抄录等简单维护项目，已经实现远程抄录或自动统计功能，取消现场抄录。

2. 执行机巡作业策略的站点，机巡应与人工现场巡检交替开展。

3. 实现机巡的变电站，采用智能技术替代的简单维护项目（如表计抄录类工作），在开展机巡作业时可同步开展维护工作，以满足设备运行分析及状态感知分析的要求。

4. 针对机巡装备异常停运、不具备正常工作条件超过一个巡维周期的，按常规人巡周期开展巡维工作。

3.3.2 动态巡维

动态巡维是指气候及环境变化、专项工作等触发的设备管控级别不做调整的巡维工作，按规定内容开展的设备巡视、测试、维护工作。动态巡维中开展的设备巡视采用机巡模式开展，变电机巡季节性巡视表见表3-9。

表 3-9   变电机巡季节性巡视表

巡视类别	季节/月份												工作要求侧重点
	春季			夏季			秋季			冬季			
	1	2	3	4	5	6	7	8	9	10	11	12	
防风防汛特巡				√	√	√	√	√	√	√			台风、暴雨等恶劣天气前后及在汛期期间每月开展防风防汛特巡，重点关注： （1）变电站的护坡、挡土墙、排水沟以及变电站的抽排水系统是否正常。 （2）建筑物门窗是否关好。 （3）各建筑物屋顶是否积水。 （4）利用无人机对变电站周边500m范围内的隐患黑点（飘移物、简易棚架、广告牌、铁皮屋等）开展特巡，确认是否采取防护措施
高温高负荷特巡（户外设备）					√	√	√	√	√				高温天气或设备重负荷运行时进行特巡，重点关注： （1）检查设备油位-温度等是否正常。 （2）采用红外测温检查重载设备导电、接头部位是否有异常发热。 （3）在线监测主变压器铁芯接地电流（如有）

3.4   配电机巡作业策略

随着无人机在输电领域的成功应用，国内外纷纷对配电网络线路中无人机巡检展开了大量的研究。随着无人机性能的不断提升，无人机巡检作为一种高效、安全的检查方式，必然会成为现代配电网架空线检查的主流方法。利用无人机进行配电网络线路巡检有助于提高巡检作业的效率，获得更好的经济效益。

结合各大网省在配电网无人机方面的研究和实践经验，目前配电机巡作业的策略主要包括以下几个方面：

（1）利用无人机开展配电网无人机可见光通道巡检，对配电网通道内的树障、违章建筑、交跨、外破等各类异常进行可见光巡检，快速发现危险源位置，保障电力通道及用电安全。

（2）配电网无人机精细化、红外测温巡检，利用无人机对配电网杆塔开展精细化巡检、通道巡检、红外测温巡检时，需要根据不同巡检方式和环境，选用不同类型的无人机，搭载不同的采集设备，进行日常巡检工作，保障配电网杆塔安全运行。

（3）配电网无人机三维激光扫描建模，通过无人机挂载激光雷达设备、倾斜相机或其他特殊设备，对配电网线路所处地形、地貌、地物、杆塔、配电线路通道进行扫描，无人机扫描完后的数据，利用智能分类算法模型将扫描成果数据进行分类，构建出真彩色三维模型，形成模型成果数据库。用于后续自主飞行航迹规划和仿真设计等应用场景。

（4）配电网无人机自主航迹规划针对配电网线路巡检应用场景和巡检周期，确定适用的机型和配置要求（建议 RTK 小型多旋翼无人机）；利用三维模型，飞行人员可在飞行之前利用三维数据对需要拍摄的部位进行航线规划，形成飞行航迹数据，实现无人机自主飞行，同时为保障巡检安全并且与实际巡检场景更贴切，航点规划完毕后，可在三维模型中进行航迹模拟飞行，减少人员投入，提高飞行效率。

目前配电网的主要设备包括变压器、环网柜、柱上开关、电缆分支箱和配电网线路等，其中配电网线路与输电主网线路较为接近，也是目前主要的机巡对象，其巡检模式可直接复制与借鉴，但此工作仅能解决巡视的问题。配电网设备中，更加需要关注变压器、柱上开关等设备，此类设备因结构复杂、操作维护频次高，构成了日常运维工作的主要巡视对象。随着近些年任务载荷种类的增多，可以预见未来越来越多的工作可以通过机巡替代补充。因此，下文将从两个方面分析无人机在配电网的运维策略。

1. 巡视策略

对于配电网现有日常巡视、特殊巡视和故障巡视，采用无人机作业逐步替代人工巡视工作模式，通过终端集中管控、数据智能分析逐步实现配电网的无人机巡视全覆盖。

（1）日常巡视。

配电网设备的日常巡视无人机的配置宜一步到位，日常巡视全部由机巡取代（部分无法取代的，转为维护项目开展）。但同时要开展核对性巡视，可分两个阶段：第一阶段，可定期安排人员的核对性巡视（不少于 3 个月 1 次）；第二阶段，机巡体系运行稳定后延长人员的核对性巡视周期，巡视周期可调整到半年以上。

（2）特殊巡视。

与日常巡视基本相同，当条件触发后开展，也可分为两个阶段：第一阶段，可与人员核对性巡视结合执行；第二阶段，机巡体系运行稳定后，取消特殊巡视。

（3）故障巡视。

目前由检修等专业班组开展，推进路线也分为两个阶段：第一阶段，与现有式保持一致，由专业班组执行；第二阶段，结合无人机技术的发展，优化故障巡视策略。

2. 维护策略

按照技术成熟度不同，从有效性、安全性、可靠性、必要性、创新性和经济性等维度进行综合评估，将状态监测技术分为成熟型、试点型以及前瞻型三种不同类别，其中，成熟型的技术应进行全面应用，有效但尚不成熟型的技术可根据需要进行试点应用，相关具体项目如下：

（1）成熟型状态监测技术。

成熟型状态监测技术包括可见光采集技术、红外热图采集技术、无人机 RTK 自动驾驶技术和无人机蜂巢技术等。

（2）试点型状态监测技术。

试点型状态监测技术包括配电网无人机局放检测技术、无人机抄表技术、无人机参与配电网检修技术、小型无人机三维激光雷达扫描技术和配电网无人机区域协同作业调配技术等。

3. 其余原则

（1）由于配电网的天然属性，其在单一设备的重要程度上并没有主网那么明显，那么如何既能管控投资又能强化运维手段，确保广大用电客户的满意度才是难点。

（2）根据管控系数调整巡视周期，但巡视周期最长不得大于 1 次/3 月。

（3）要合理统筹工作，结合涉电公共安全隐患、设备固有风险、反措和电缆通道隐患摸排要求，充分融入巡维计划中同步开展，提高日常巡视维护的工作效率。

（4）同一条线路所带的配电站（室内配电站、箱式变压器、台架变压器）、开关站（户外环网柜、开关房、开关站）、柱上开关等设备考虑安排在同一周期进行巡视运维，相近地域的线路和设备考虑安排在同一周期进行巡视和运维。

对于配电网现有日常巡视、特殊巡视和故障巡视，采用无人机作业逐步替代人工巡视工作模式，通过终端集中管控、数据智能分析逐步实现配电网无人机巡视全覆盖。

按照"一次精细化巡视、一次通道树障巡视、一次通道外观巡视"策略开展常态化日常巡视，其中精细化巡视包含本体可见光和本体红外测温巡视，其他特殊巡视

（如保供电特巡、勘灾巡视等）视本单位的具体需求情况临时安排。本体可见光和本体红外测温巡视可以使用红外双光无人机一次性同步完成，通道外观巡视和本体可见光巡视在满足线路巡视要求的情况下可一次性同步完成，通道树障巡视和通道外观巡视时间建议间隔 2 个月以上。对紧急、重大缺陷，应严格遵守本单位一次设备缺陷管理细则里的"24h、7 天"处理时限要求。对一般缺陷，按本单位生产技术部要求，合理设置处理时限。

3.4.1　精细化巡视

（1）本体可见光巡视。

利用稳像仪、照相机、摄像机等可见光设备对线路本体进行巡视，并记录相关信息，对区域内可机巡中压架空线路、设备完成一次本体可见光巡视。可见光巡视飞行方式按照操作方式包括自动驾驶和手动操控，以获取巡检图片的坐标位置为依据统计无人机巡视到位情况。可见光巡视飞行方式按照定期巡检包括固定翼无人机巡视、多旋翼无人机巡视、直升机巡视、组合巡视等，根据巡视任务的具体需求和现场环境选择合适的巡视方式，以确保巡视工作的顺利进行和巡视结果的准确性。常用无人机型号：精灵 4-RTK、御 2 进阶版、御 3、M30、道通 RTK 无人机。

（2）本体红外测温巡视。

利用红外成像技术，对电气设备进行快速、有效的温度评估，以监测其运行状态并识别潜在隐患的一种巡视方式，对区域内可机巡中压架空线路完成一次红外测温巡视，及时发现并消除紧急、重大缺陷。如有必要进行多次红外测温的线路、设备，可自行决定增加红外测温巡视频次，建议在高峰负荷期间进行。其应用优势包括非接触式测温、快速高效、直观易懂、预防故障等。常用无人机型号包括御 2 进阶版（带双光）、御 3（带双光）、M30T、道通 RTK 无人机（带双光）。

3.4.2　通道树障巡视

一次通道树障巡视是指对线路通道内的树木进行的一种专项检查，旨在确保树木与线路之间的安全距离，防止因树木生长导致的电力事故。巡视内容包括树木生长情况、树木健康状况、安全距离测量、隐患记录与报告等，建立辖区内树障区段和安全距离不足区段的线路台账清单，使用激光雷达对存在树障隐患区段的通道走廊进行巡检，并将结果上传至机巡智测系统出具报告。常用无人机型号为大疆 M300/M350 搭载 L1/L2。

3.4.3　通道外观巡视

一次通道外观巡视是对通道及其周边环境的全面检查，旨在确保通道的安全、畅通和正常使用，对区域内可机巡中压架空线路完成一次通道外观巡视。巡视内容通道结构、通道设施、通道地面、周边环境等，可结合季节性特点来安排，例如在春季、夏季可以结合山体滑坡、水土流失等情况一起开展；在夏季、秋季、冬季可以结合外力破坏、防风、防山火等情况一起开展。常用无人机型号包括精灵 4、精灵 4-RTK、御 2 进阶版、御 3、M30、道通 RTK 无人机。

3.4.4　设备台账、航线维护管理

设备台账可系统性记录和管理设备的基本信息、使用历程及维护状态，对于提高设备管理效率、保障设备安全、降低设备维护成本、延长设备使用寿命及提升企业管理水平等方面都具有重要作用。定期开展航线与线路设备台账核查工作，建立台账变更信息推送联动机制，线路迁改或新线路投产后，应在三个月内完成线路点云采集、三维建模、航线规划、航线验证等工作。

3.4.5　配电网机巡工作管理策略

（1）严格执行机巡作业流程，规范机巡业务流转。

配电网机巡作业应按照电网配网机巡计划管理制度要求，落实巡视计划统一管理、现场巡检、巡检数据统一上传和分析、巡视缺陷隐患闭环管控等管理要求。

1）严格落实机巡作业计划管理。机巡计划性作业需在电网管理平台维护检修管理模块发起巡视计划工单，严禁无计划作业或空转计划工单情况。

2）规范机巡数据上传和分析。智能识别完成后，需在 5 个工作日内完成数据人工复核（复核智能算法识别结果和人工标注缺陷）/缺陷推送，并生成巡视报告。

3）强化机巡缺陷闭环管控。机巡系统推送电网管理平台缺陷需及时纳入系统流转，紧急、重大缺陷及紧急、较急隐患应在复核确认后 24h 内纳入系统流转，其他类型缺陷及隐患应在 7 个工作日内纳入系统流转。纳入正式系统流程的缺陷、隐患管理

按照相关缺陷、隐患管理标准执行。

（2）明确班组缺陷隐患管控界面，提高消缺工作效率。

1）配电网智能作业班应根据缺陷、隐患定级标准和现场运行实际，及时在系统登记缺陷并推送至运维班组消缺，对于紧急、重大缺陷及紧急、较急隐患还需通过短信或电话告知所属运维班组，同时通过技术监督手段跟踪缺陷隐患的消缺情况。

2）配电运维班对配电网智能作业班推送的机巡缺陷隐患应开展风险评估，结合现场运行实际制订计划开展消缺。对经现场复核登记不属实或不准确的缺陷，在提供有效的支撑材料情况下，可通过系统降级等方式处理。针对需结合停电消缺类的一般缺陷，统一按一个停电检修周期内完成消缺进行管控。建立缺陷跟踪评估机制，在一个停电检修周期内，至少每半年开展一次跟踪评估，确保不发生缺陷恶化升级。针对无须停电消缺类的一般缺陷，处理时限原则上不超过一年。结合运维计划和生产项目资源调配及时有效消除缺陷，切实做到消存量、控增量。

（3）优化机巡工作统计口径，提高工作监控效率。

为有效反馈各单位机巡工作开展情况，电网企业可通过广泛调研听取各方意见和建议，构建"数字化班组"和"数字化员工"评价模型，对机巡工作实施多层次指标数字化评价，将公司配电网机巡统计指标库固化到系统中，方便各层级监控机巡工作开展情况。